建筑业 10 项新技术
（2017 版）

中国建材工业出版社

图书在版编目（CIP）数据

建筑业 10 项新技术：2017 版/中国建材工业出版社编．--北京：中国建材工业出版社，2018.8（2023.8重印）

ISBN 978-7-5160-2370-9

Ⅰ.①建… Ⅱ.①中… Ⅲ.①建筑工程—新技术应用

Ⅳ.①TU-39

中国版本图书馆 CIP 数据核字（2018）第 194069 号

建筑业 10 项新技术（2017 版）

出版发行：中国建材工业出版社

地　　址：北京市海淀区三里河路 11 号

邮　　编：100831

经　　销：全国各地新华书店

印　　刷：北京雁林吉兆印刷有限公司

开　　本：710mm×1000mm　1/16

印　　张：13

字　　数：260 千字

版　　次：2018 年 9 月第 1 版

印　　次：2023 年 8 月第 2 次

定　　价：**38.00 元**

本社网址：**www.jccbs.com**　　微信公众号：**zgjcgycbs**

本书如出现印装质量问题，由我社市场营销部负责调换。联系电话：（010）57811387

住房城乡建设部关于做好
《建筑业10项新技术（2017版）》
推广应用的通知

各省、自治区住房城乡建设厅，直辖市建委，新疆生产建设兵团建设局：

为贯彻落实《国务院办公厅关于促进建筑业持续健康发展的意见》（国办发〔2017〕19号），加快促进建筑产业升级，增强产业建造创新能力，我部组织编制了《建筑业10项新技术（2017版)》，现印发给你们，请做好推广应用工作，全面提升建筑业技术水平。

附件：建筑业10项新技术（2017版）

中华人民共和国住房和城乡建设部

2017年10月25日

前　言

为促进建筑产业升级，加快建筑业技术进步，住房和城乡建设部工程质量安全监管司组织国内建筑行业百余位专家，对《建筑业 10 项新技术 (2010)》进行了全面修订。

本文件与 2010 年版相比主要变化如下：

——将"混凝土技术"和"钢筋及预应力技术"合并为"钢筋与混凝土技术"。

——新增装配式混凝土结构技术。

——将"防水技术"扩充为"防水技术与围护结构节能"技术。

——升级更新绿色建筑、建筑防灾减灾、建筑节能、建筑信息化等相关内容。

——适用范围以建筑工程应用为主，每项技术具有一定适用性、成熟性与可推广性。

本文件由住房城乡建设部批准。

本文件的技术主编单位为中国建筑科学研究院，主要参编单位为中国建筑股份有限公司、中国模板脚手架协会、中国建筑业协会建筑防水分会、中国建筑一局（集团）有限公司等。

本文件主要起草人：

总负责人：王清勤、赵基达

地基基础和地下空间工程技术部分：高文生、王曙光、王也宜、衡朝阳、李耀良、王理想、陈辉、陈驰、黄江川、王佳杰、吴斌、邹峰、卢秀丽、杨宇波

钢筋与混凝土技术部分：赵基达、冯大斌、冷发光、刘子金、朱爱萍、王晓锋、王永海

模板脚手架技术部分：高峰、张良杰、杨少林、石亚明、杨棣柔、吴亚进、黎文方、黄玉林、杨波、陈伟、冼汉光、王祥军、杨秋利、陈铁磊

装配式混凝土结构技术部分：王晓锋、蒋勤俭、田春雨、赵勇、高志

强、钱冠龙、樊骅、李浩、谷明旺、汪力、姜伟、赵广军、张渤钰、周丽娟

钢结构技术部分：李景芳、戴立先、韦疆宇、曾志攀、郭满良、陈志华、李海旺、韩建聪、朱邵辉、余永明、赵宇新、余玉洁、李浓云、李锦丽

机电安装工程技术部分：吴月华、徐义明、陈静、任俊和、王升其、周卫新、王红静、冯凯、严文荣、刘杰、张勤、芮立平、陈晓文、宋志红

绿色施工技术部分：单彩杰、杨香福、杨升旗、王涛、段恺、石云兴、张燕刚、倪坤、冯大阔、刘嘉茵、杨均英、司金龙、张静涛、陈波、郝伶俐

防水技术与围护结构节能部分：曲慧、吴小翔、董宏、李良伟、李光球、黄春生、刘文利、赵力、李建军、王晓峰

抗震、加固与监测技术部分：姚秋来、常乐、聂祺、唐曹明、李瑞峰、张荣强、韦永斌、赵伟、曹振、杨光值、潘鸿宝

信息化技术部分：杨富春、王静、谭丁文、王兴龙、刘刚、曾立民、张义平、黄炜、苑玉平、颜炜、王剑涛、张臣友、高峰、黄从治、肖新华、王威、王文刚、王海涛

顾问（按姓氏笔划排列）：

毛志兵、叶浩文、冯跃、杨健康、李久林、张琨、张希黔、苗启松、胡德均、龚剑

秘书组：张靖岩、程岩、康井红、赵海

主编单位：中国建筑科学研究院

参编单位（按章节排序）：

建研地基基础工程有限责任公司

上海市基础工程集团有限公司

建研科技股份有限公司

国家建筑工程技术研究中心

中国模板脚手架协会

中国建筑股份有限公司技术中心

北京建筑机械化研究院

北京预制建筑工程研究院有限公司

同济大学

中国建筑标准设计研究院有限公司

中冶建筑研究总院有限公司

宝业集团股份有限公司

中建一局建设发展有限公司

深圳现代营造科技有限公司

建筑工业化产业技术创新战略联盟

中建钢构有限公司

北京城建集团有限责任公司

中国建筑一局（集团）有限公司

福建省建筑设计研究院

深圳建筑设计研究总院

天津大学

太原理工大学

中国建筑工程总公司

中国建筑第八工程局有限公司

北京中建建筑科研院有限公司

中国建筑第七工程局有限公司

中国建筑第二工程局有限公司

中国建筑业协会建筑防水分会

苏州市建筑科学研究院集团股份有限公司

国家建筑工程质量监督检验中心

北京发研工程技术有限公司

中国建筑第三工程局有限公司

中国中铁股份有限公司

中国铁建股份有限公司

中国电力建设股份有限公司

广联达科技股份有限公司

建筑信息模型（BIM）产业技术创新战略联盟

用友建筑云服务有限公司

目　　录

1 地基基础和地下空间工程技术

1.1 灌注桩后注浆技术

1.1.1 技术内容

灌注桩后注浆是指在灌注桩成桩后一定时间，通过预设在桩身内的注浆导管及与之相连的桩端、桩侧处的注浆阀以压力注入水泥浆的一种施工工艺。注浆目的一是通过桩底和桩侧后注浆加固桩底沉渣（虚土）和桩身泥皮，二是对桩底及桩侧一定范围的土体通过渗入（粗颗粒土）、劈裂（细粒土）和压密（非饱和松散土）注浆起到加固作用，从而增大桩侧阻力和桩端阻力，提高单桩承载力，减少桩基沉降。

在优化注浆工艺参数的前提下，可使单桩竖向承载力提高40%以上，通常情况下粗粒土增幅高于细粒土、桩侧桩底复式注浆高于桩底注浆；桩基沉降减小30%左右；预埋于桩身的后注浆钢导管可以与桩身完整性超声检测管合二为一。

1.1.2 技术指标

根据地层性状、桩长、承载力增幅和桩的使用功能（抗压、抗拔）等因素，灌注桩后注浆可采用桩底注浆、桩侧注浆、桩侧桩底复式注浆等形式。其主要技术指标为：

(1) 浆液水灰比：0.45~0.9；

(2) 注浆压力：0.5~16MPa。

实际工程中，以上参数应根据土的类别、饱和度及桩的尺寸、承载力增幅等因素适当调整，并通过现场试注浆和试桩试验最终确定。设计和施工可依据《建筑桩基技术规范》JGJ 94 的规定进行。

1

1.1.3　适用范围

灌注桩后注浆技术适用于除沉管灌注桩外的各类泥浆护壁和干作业的钻、挖、冲孔灌注桩。当桩端及桩侧有较厚的粗粒土时，后注浆提高单桩承载力的效果更为明显。

1.1.4　工程案例

目前，灌注桩后注浆技术应用于北京、上海、天津、福州、汕头、武汉、宜春、杭州、济南、廊坊、龙海、西宁、西安、德州等地数百项高层、超高层建筑桩基工程中，经济效益显著。典型工程有北京首都国际机场 T3 航站楼、上海中心大厦等。

1.2　长螺旋钻孔压灌桩技术

1.2.1　技术内容

长螺旋钻孔压灌桩技术是采用长螺旋钻机钻孔至设计标高，利用混凝土泵将超流态细石混凝土从钻头底压出，边压灌混凝土边提升钻头直至成桩，混凝土灌注至设计标高后，再借助钢筋笼自重或利用专门振动装置将钢筋笼一次插入混凝土桩体至设计标高，形成钢筋混凝土灌注桩。后插入钢筋笼的工序应在压灌混凝土工序后连续进行。与普通水下灌注桩施工工艺相比，长螺旋钻孔压灌桩施工，不需要泥浆护壁，无泥皮，无沉渣，无泥浆污染，施工速度快，造价较低。

该工艺还可根据需要在钢筋笼上绑设桩端后注浆管进行桩端后注浆，以提高桩的承载力。

1.2.2　技术指标

（1）混凝土中可掺加粉煤灰或外加剂，混凝土中粉煤灰掺量宜为 70 ~ 90kg/m³；

（2）混凝土的粗骨料可采用卵石或碎石，最大粒径不宜大于 20mm；

（3）混凝土塌落度宜为 180 ~ 220mm。

设计和施工可依据《建筑桩基技术规范》JGJ 94 的规定进行。

1.2.3　适用范围

长螺旋钻孔压灌桩技术适用于地下水位较高，易坍孔，且长螺旋钻孔机可以钻进的地层。

1.2.4　工程案例

在北京、天津、唐山等地多项工程中应用长螺旋钻孔压灌桩技术，经济效益显著，具有良好的推广应用前景。

1.3　水泥土复合桩技术

1.3.1　技术内容

水泥土复合桩是适用于软土地基的一种新型复合桩，由 PHC 管桩、钢管桩等在水泥土初凝前压入水泥土桩中复合而成的桩基础，也可将其用作复合地基。水泥土复合桩由芯桩和水泥土组成，芯桩与桩周土之间为水泥土。水泥搅拌桩的施工及芯桩的压入改善了桩周和桩端土体的物理力学性质及应力场分布，有效地改善了桩的荷载传递途径；桩顶荷载由芯桩传递到水泥土桩再传递到侧壁和桩端的水泥土体，有效地提高了桩的侧阻力和端阻力，从而有效地提高了复合桩的承载力，减小桩的沉降。目前常用的施工工艺有植桩法等。

1.3.2　技术指标

（1）水泥土桩直径宜为 500 ~ 700mm；

（2）水泥掺量宜为 12% ~ 20%；

（3）管桩直径宜为 300 ~ 600mm；

（4）桩间距宜取水泥土桩直径的 3 ~ 5 倍；

（5）桩端应选择承载力较高的土层。

1.3.3　适用范围

水泥土复合桩技术适用于软弱黏土地基。在沿江、沿海地区，广泛分布着含水率较高、强度低、压缩性较高、垂直渗透系数较低、层厚变化较大的软黏土，地表下浅层存在有承载力较高的土层。采用传统的单一的地基处理方式或常规钻孔灌注桩，往往很难取得理想的技术经济效果，水泥土复合桩是适用于这种地层的有效方法之一。

1.3.4　工程案例

水泥土复合桩在上海、天津、江阴、常州等地区的多项工程中应用。

1.4　混凝土桩复合地基技术

1.4.1　技术内容

混凝土桩复合地基是以水泥粉煤灰碎石桩复合地基为代表的高粘结强度桩复合地基，近年来混凝土灌注桩、预制桩作为复合地基增强体的工程越来越多，其工作性状与水泥粉煤灰碎石桩复合地基接近，可统称为混凝土桩复合地基。

混凝土桩复合地基通过在基底和桩顶之间设置一定厚度的褥垫层，以保证桩、土共同承担荷载，使桩、桩间土和褥垫层一起构成复合地基。桩端持力层应选择承载力相对较高的土层。混凝土桩复合地基具有承载力提高幅度大，地基变形小、适用范围广等特点。

1.4.2　技术指标

根据工程实际情况，混凝土桩可选用水泥粉煤灰碎石桩，常用的施工工艺包括长螺旋钻孔、管内泵压混合料成桩，振动沉管灌注成桩及钻孔灌注成桩三种施工工艺。其主要技术指标为：

（1）桩径宜取 350 ~ 600mm；

（2）桩端持力层应选择承载力相对较高的地层；

（3）桩间距宜取 3 ~ 5 倍桩径；

（4）桩身混凝土强度等级满足设计要求，一般情况下要求混凝土强度等级大于等于 C15；

（5）褥垫层宜用中砂、粗砂、碎石或级配砂石等，不宜选用卵石，最大粒径不宜大于 30mm，厚度 150 ~ 300mm，夯填度 ≤0.9。

实际工程中，以上参数根据场地岩土工程条件、基础类型、结构类型、地基承载力和变形要求等条件或现场试验确定。

对于市政、公路、高速公路、铁路等地基处理工程，当基础刚度较弱时，宜在桩顶增加桩帽或在桩顶采用碎石 + 土工格栅、碎石 + 钢板网等方式调整桩土荷载分担比例，以提高桩的承载能力。

设计和施工可依据《建筑地基处理技术规范》JGJ 79 的规定进行。

1.4.3　适用范围

混凝土桩复合地基适用于处理黏性土、粉土、砂土和已自重固结的素填土等地基。对淤泥质土应按当地经验或通过现场试验确定其适用性。就基础形式而言，既可用于条形基础、独立基础，又可用于箱形基础、筏形基础。采取适当技术措施后亦可应用于刚度较弱的基础以及柔性基础。

1.4.4　工程案例

混凝土桩复合地基技术在北京、天津、河北、山西、陕西、内蒙古、新疆以及山东、河南、安徽、广西等地区多层、高层建筑、工业厂房、铁路地基处理工程中广泛应用，经济效益显著，具有良好的应用前景。在铁路工程中已用于哈大铁路客运专线工程、京沪高铁工程等。

1.5　真空预压法组合加固软基技术

1.5.1　技术内容

（1）真空预压法是在需要加固的软粘土地基内设置砂井或塑料排水板，然后在地面铺设砂垫层，其上覆盖不透气的密封膜使软土与大气隔绝，然后通过埋设于砂垫层中的滤水管，用真空装置进行抽气，将膜内空气排出，因而在膜内外产生一个气压差，这部分气压差即变成作用于地基上的荷载。地基随着等向应力的增加而固结。

（2）真空堆载联合预压法是在真空预压的基础上，在膜下真空度达到设计要求并稳定后，进行分级堆载，并根据地基变形和孔隙水压力的变化控制堆载速率。堆载预压施工前，必须在密封膜上覆盖无纺土工布以及黏土（粉煤灰）等保护层进行保护，然后分层回填并碾压密实。与单纯的堆载预压相比，加载的速率相对较快。在堆载结束后，进入联合预压阶段，直到地基变形的速率满足设计要求，然后停止抽真空，结束真空联合堆载预压。

1.5.2　技术指标

（1）真空预压施工时首先在加固区表面用推土机或人工铺设砂垫层，层厚约 0.5m；

（2）真空管路的连接点应密封，在真空管路中应设置止回阀和闸阀；滤水管应设在排水砂垫层中，其上覆盖厚度 100～200mm 的砂层；

（3）密封膜热合粘结时宜用双热合缝的平搭接，搭接宽度应大于 15mm 且应铺设二层以上。密封膜的焊接或粘结的粘缝强度不能低于膜本身抗拉强度的 60%；

（4）真空预压的抽气设备宜采用射流真空泵，空抽时应达到 95kPa 以上的真空吸力，其数量应根据加固面积和土层性能等确定；

（5）抽真空期间真空管内真空度应大于 90kPa，膜下真空度宜大于 80kPa；

（6）堆载高度不应小于设计总荷载的折算高度；

（7）对主要以变形控制设计的建筑物地基，地基土经预压所完成的变形量和平均固结度应满足设计要求；对以地基承载力或抗滑稳定性控制设计的建筑物地基，地基土经预压后其强度应满足建筑物地基承载力或稳定性要求。

主要参考标准：《建筑地基基础工程施工规范》GB 51004、《建筑地基处理技术规范》JGJ 79。

1.5.3 适用范围

该软土地基加固方法适用于软弱黏土地基的加固。在我国广泛存在着海相、湖相及河相沉积的软弱黏土层，这种土的特点是含水量大、压缩性高、强度低、透水性差。该类地基在建筑物荷载作用下会产生相当大的变形或变形差。对于该类地基，尤其需大面积处理时，如在该类地基上建造码头、机场等，真空预压法以及真空堆载联合预压法是处理这类软弱黏土地基的较有效方法之一。

1.5.4 工程案例

真空预压法组合加固软基技术已用于日照港料场、黄骅港码头、深圳福田开发区、天津塘沽开发区、深圳宝安大道、上海迪士尼主题乐园、珠海发电厂、汕头港多用途泊位后方集装箱堆场、天津临港产业区等项目。

1.6 装配式支护结构施工技术

1.6.1 技术内容

装配式支护结构是以成型的预制构件为主体，通过各种技术手段在现场装配成为支护结构。与常规支护手段相比，该支护技术具有造价低、工期短、质量易于控制等特点，从而大大降低了能耗，减少了建筑垃圾，有较高的社会、经济效益与环保作用。

目前，市场上较为成熟的装配式支护结构有：预制桩、预制地下连续墙结构、预应力鱼腹梁支撑结构、工具式组合内支撑等。

预制桩作为基坑支护结构使用时，主要是采用常规的预制桩施工方法，如静压或者锤击法施工，还可以采用插入水泥土搅拌桩，TRD 搅拌墙或 CSM 双轮铣搅拌墙内形成连续的水泥土复合支护结构。预应力预制桩用于支护结构时，应注意防止预应力预制桩发生脆性破坏并确保接头的施工质量。

预制地下连续墙技术即按照常规的施工方法成槽后，在泥浆中先插入预制墙段、预制桩、型钢或钢管等预制构件，然后以自凝泥浆置换成槽用的护壁泥浆，或直接以自凝泥浆护壁成槽插入预制构件，以自凝泥浆的凝固体填塞墙后空隙和防止构件间接缝渗水，形成地下连续墙。采用预制的地下连续墙技术施工的地下墙面光洁、墙体质量好、强度高，并可避免在现场制作钢筋笼和浇混凝土及处理废浆。近年来，在常规预制地下连续墙技术的基础上，又出现一种新型预制连续墙，即不采用昂贵的自凝泥浆而仍用常规的泥浆护壁成槽，成槽后插入预制构件并在构件间采用现浇混凝土将其连成一个完整的墙体。该工艺是一种相对经济又兼具现浇地下墙和预制地下墙优点的新技术。

预应力鱼腹梁支撑技术，由鱼腹梁（高强度低松弛的钢绞线作为上弦构件，H 型钢作为受力梁，与长短不一的 H 型钢撑梁等组成）、对撑、角撑、立柱、横梁、拉杆、三角形节点、预压顶紧装置等标准部件组合并施加预应力，形成平面预应力支撑系统与立体结构体系，支撑体系的整体刚度高、稳定性强。本技术能够提供开阔的施工空间，使挖土、运土及地下结构施工便捷，不仅显著改善地下工程的施工作业条件，而且大幅减少支护结构的安装、拆除、土方开挖及主体结构施工的工期和造价。

工具式组合内支撑技术是在混凝土内支撑技术的基础上发展起来的一种内支撑结构体系，主要利用组合式钢结构构件其截面灵活可变、加工方便、适用性广的特点，可在各种地质情况和复杂周边环境下使用。该技术具有施工速度快，支撑形式多样，计算理论成熟，可拆卸重复利用，节省投资等优点。

1.6.2　技术指标

预制地下连续墙：

（1）通常预制墙段厚度较成槽机抓斗厚度小 20mm 左右，常用的墙厚有 580mm、780mm，一般适用于 9m 以内的基坑；

（2）应根据运输及起吊设备能力、施工现场道路和堆放场地条件，合理确定分幅和预制件长度，墙体分幅宽度应满足成槽稳定性要求；

（3）成槽顺序宜先施工 L 形槽段，再施工一字形槽段；

（4）相邻槽段应连续成槽，幅间接头宜采用现浇接头。

预应力鱼腹梁支撑：

（1）型钢立柱的垂直度控制在 1/200 以内；型钢立柱与支撑梁托座要用高强螺栓连接；

（2）施工围檩时，牛腿平整度误差要控制在 2mm 以内，且不能下垂，平整度用拉绳和长靠尺或钢尺检查，如有误差则进行校正，校正后采用焊接固定；

（3）整个基坑内的支撑梁要求必须保证水平，并且支撑梁必须能承受架设在其上方的支撑自重和来自上部结构的其他荷载；

（4）预应力鱼腹梁支撑的拆除是安装作业的逆顺序。

工具式组合内支撑：

（1）标准组合支撑构件跨度为 8m、9m、12m 等；

（2）竖向构件高度为 3m、4m、5m 等；

（3）受压杆件的长细比不应大于 150，受拉杆件的长细比不应大于 200；

（4）进行构件内力监测的数量不少于构件总数量的 15%；

（5）围檩构件为 1.5m、3m、6m、9m、12m。

主要参考标准：《钢结构设计规范》GB 50017、《建筑基坑支护技术规程》JGJ 120。

1.6.3 适用范围

预制地下连续墙一般仅适用于 9m 以内的基坑，适用于地铁车站、周边环境较为复杂的基坑工程等。

预应力鱼腹梁支撑适用于市政工程中地铁车站、地下管沟基坑工程以及各类建筑工程基坑。预应力鱼腹梁支撑适用于温差较小地区的基坑，当温差较大时应考虑温度应力的影响。

工具式组合内支撑适用于周围建筑物密集，施工场地狭小，岩土工程条件复杂或软弱地基等类型的深大基坑。

1.6.4 工程案例

预制地下连续墙技术已成功应用于上海建工活动中心、明天广场、达安城单建式地下车库和瑞金医院单建式地下车库、华东医院停车库等工程。

　　预应力鱼腹梁支撑已成功应用于广州地铁网运营管理中心、江阴幸福里老年公寓和商业用房、南京绕城公路地道工程、宁波轨道交通 1、2 号线鼓楼站车站等工程。

　　工具式组合内支撑已成功应用于北京国贸中心、上海临港六院、上海天和锦园、广东工商行业务大楼、广东荔湾广场、广东金汇大厦、杭州杭政储住宅、宁波轨交 1 号线鼓楼站及北京地铁 13 号线等。

1.7　型钢水泥土复合搅拌桩支护结构技术

1.7.1　技术内容

　　型钢水泥土复合搅拌桩是指：通过特制的多轴深层搅拌机自上而下将施工场地原位土体切碎，同时从搅拌头处将水泥浆等固化剂注入土体并与土体搅拌均匀，通过连续的重叠搭接施工，形成水泥土地下连续墙；在水泥土初凝之前，将型钢（预制混凝土构件）插入墙中，形成型钢（预制混凝土构件）与水泥土的复合墙体。型钢水泥土复合搅拌桩支护结构同时具有抵抗侧向土水压力和阻止地下水渗漏的功能。

　　近几年，水泥土搅拌桩施工工艺在传统的工法基础上有了很大的发展，TRD工法、双轮铣深层搅拌工法（CSM 工法）、五轴水泥土搅拌桩、六轴水泥土搅拌桩等施工工艺的出现使型钢水泥土复合搅拌桩支护结构的使用范围更加广泛，施工效率也大大增加。

　　其中 TRD 工法（Trench – Cutting & Re – mixing Deep Wall Method）是将满足设计深度的附有切割链条以及刀头的切割箱插入地下，在进行纵向切割横向推进成槽的同时，向地基内部注入水泥浆以达到与原状地基的充分混合搅拌在地下形成等厚度水泥土连续墙的一种施工工艺。该工法具有适应地层广、墙体连续无接头、墙体渗透系数低等优点。

　　双轮铣深层搅拌工法（CSM 工法），是使用两组铣轮以水平轴向旋转搅拌方式、形成矩形槽段的改良土体的一种施工工艺。该工法具有以下性能特点：（1）具有高削掘性能，地层适应性强；（2）高搅拌性能；（3）高削掘精度；（4）可完成较大深度的施工；（5）设备高稳定性；（6）低噪声和振动；（7）可任意设定插入劲性材料的间距；（8）可靠施工过程数据和高效的施工管理系统；（9）双轮铣深层搅拌工法（CSM 工法）机械均采用履带式主机，占地面积小，移动灵活。

1.7.2 技术指标

（1）型钢水泥土搅拌墙的计算与验算应包括内力和变形计算、整体稳定性验算、抗倾覆稳定性验算、坑底抗隆起稳定性验算、抗渗流稳定性验算和坑外土体变形估算；

（2）型钢水泥土搅拌墙中三轴水泥土搅拌桩的直径宜采用 650mm、850mm、1000mm，内插 H 形钢或预制混凝土构件；

（3）水泥土复合搅拌桩 28d 无侧限抗压强度标准值不宜小于 0.5MPa；

（4）搅拌桩的入土深度宜比型钢的插入深度深 0.5～1.0m；

（5）搅拌桩体与内插型钢的垂直度偏差不应大于 1/200；

（6）当搅拌桩达到设计强度，且龄期不小于 28d 后方可进行基坑开挖；

（7）TRD 工法等厚度水泥土搅拌墙 28d 龄期无侧限抗压强度不应小于设计要求且不宜小于 0.8MPa；水泥宜采用强度等级不低于 P.O42.5 级的普通硅酸盐水泥，水泥土搅拌墙正式施工之前应通过现场试成墙试验以确定具体施工参数（材料用量和水灰比等）。

（8）双轮铣深层搅拌工法（CSM 工法）成槽设备在施工过程中采用泥浆护壁来防止槽壁坍塌；膨润土泥浆的配合比通常为 70～90kg/m^3（取决于膨润土的质量），泥浆密度约为 1.05kg/cm^3，粘度要超过 40s（马氏漏斗粘度）。

主要参照标准：《型钢水泥土搅拌墙技术规程》JGJ/T 199、《建筑基坑支护技术规程》JGJ 120 等。

1.7.3 适用范围

型钢水泥土复合搅拌桩支护结构技术主要用于深基坑支护，可在粘性土、粉土、砂砾土使用，目前在国内主要在软土地区有成功应用。

1.7.4 工程案例

型钢水泥土复合搅拌桩支护结构技术的主要工程案例有：上海静安寺下沉式广场、国际会议中心、地铁陆家嘴车站、地铁 2 号线龙东路延伸段、上海梅山大厦、天津地铁二、三号线工程、天津站交通枢纽工程。TRD 工法已在上海、天津、武汉、南昌等多个深大基坑工程中成功应用，超深可达 60m。双轮铣深层搅拌工法（CSM 工法）已在天津医院、地铁 2 号线红旗路站联络线工程、世纪广场、华润紫阳里停车场等工程中应用。

1.8　地下连续墙施工技术

1.8.1　技术内容

地下连续墙，就是在地面上先构筑导墙，采用专门的成槽设备，沿着支护或深开挖工程的周边，在特制泥浆护壁条件下，每次开挖一定长度的沟槽至指定深度，清槽后，向槽内吊放钢筋笼，然后用导管法浇注水下混凝土，混凝土自下而上充满槽内并把泥浆从槽内置换出来，筑成一个单元槽段，并依此逐段进行，这些相互邻接的槽段在地下筑成的一道连续的钢筋混凝土墙体。地下连续墙主要作承重、挡土或截水防渗结构之用。

地下连续墙具有如下优点：（1）施工低噪声、低震动，对环境的影响小；（2）连续墙刚度大、整体性好，基坑开挖过程中安全性高，支护结构变形较小；（3）墙身具有良好的抗渗能力，坑内降水时对坑外的影响较小；（4）可作为地下室结构的外墙，可配合逆作法施工，缩短工期、降低造价。

随着城市土地资源日趋紧张，高层和超高层建筑的日益崛起，基坑深度也突破初期的十几米向更深的几十米发展，随之带来的是地下连续墙向着超深、超厚发展。目前，建筑领域地下连续墙已经超越了110m，随着技术的进步和城市发展的需求地下连续墙将会向更深的深度发展。例如软土地区的超深地下连续墙施工，利用成槽机、铣槽机在粘土和砂土环境下各自的优点，以抓铣结合的方法进行成槽，并合理选用泥浆配比，控制槽壁变形，优势明显。

由于地下连续墙是由若干个单元槽段分别施工后再通过接头连成整体，各槽段之间的接头有多种形式，目前最常用的接头形式有圆弧形接头、橡胶带接头、工字型钢接头、十字钢板接头、套铣接头等。其中橡胶带接头是一种相对较新的地下连续墙接头工艺，通过横向连续转折曲线和纵向橡胶防水带延长了可能出现的地下水渗流路线，接头的止水效果较以前的各种接头工艺有大幅改观。目前，超深的地下连续墙多采用套铣接头，利用铣槽机可直接切削硬岩的能力直接切削已成槽段的混凝土，在不采用锁口管、接头箱的情况下形成止水良好、致密的地下连续墙接头。套铣接头具有施工设备简单、接头水密性良好等优点。

1.8.2　技术指标

地下连续墙根据施工工艺，可分为导墙制作、泥浆制备、成槽施工、混凝土水下浇筑、接头施工等。其主要技术指标为：

（1）新拌制泥浆指标：比重 1.03 ~ 1.10，粘度 22 ~ 35s，胶体率大于 98%，失水量小于 30ml/30min，泥皮厚度小于 1mm，pH 值 8 ~ 9；

（2）循环泥浆指标：比重 1.05 ~ 1.25，粘度 22 ~ 40s，胶体率大于 98%，失水量小于 30ml/30min，泥皮厚度小于 3mm，pH 值 8 ~ 11，含砂率小于 7%；

（3）清基后泥浆指标：密度不大于 1.20，黏度 20 ~ 30s，含砂率小于 7%，pH 值 8 ~ 10；

（4）混凝土：坍落度 200mm ± 20mm，抗压强度和抗渗压力符合设计要求。

在实际工程中，以上参数应根据土的类别、地下连续墙的结构用途、成槽形式等因素适当调整，并通过现场试成槽试验最终确定。

1.8.3 适用范围

一般情况下地下连续墙适用于以下条件的基坑工程：

（1）深度较大的基坑工程，一般开挖深度大于 10m 才有较好的经济性；

（2）邻近存在保护要求较高的建（构）筑物，对基坑本身的变形和防水要求较高的工程；

（3）基坑内空间有限，地下室外墙与红线距离极近，采用其他围护形式无法满足留设施工操作空间要求的工程；

（4）围护结构亦作为主体结构的一部分，且对防水、抗渗有较严格要求的工程；

（5）采用逆作法施工，地上和地下同步施工时，一般采用地下连续墙作为围护墙。

1.8.4 工程案例

上海中心大厦、上海金茂大厦、上海环球金融中心、深圳国贸地铁车站等都采用地下连续墙施工技术。目前地下连续墙广泛应用于北京、上海、深圳、南京、兰州等地的江河湖泊防渗，港口、船坞和污水处理厂、高层建筑的地下室、地下停车场、地铁甚至于大桥建设中，市场前景广阔。

1.9 逆作法施工技术

1.9.1 技术内容

逆作法，一般是先沿建筑物地下室外墙轴线施工地下连续墙，或沿基坑的周围施工其他临时围护墙,同时在建筑物内部的有关位置浇筑或打下中间支承桩和柱,作为施工期间于底板封底之前承受上部结构自重和施工荷载的支承;然后施工逆作层的梁板结构,作为地下连续墙或其他围护墙的水平支撑,随后逐层向下开挖土方和浇筑各层地下结构,直至底板封底;同时,由于逆作层的楼面结构先施工完成,为上部结构的施工创造了条件,因此可以同时向上逐层进行地上结构的施工;如此地面上、下同时进行施工,直至工程结束。

目前逆作法的新技术有:

(1)框架逆作法,利用地下各层钢筋混凝土肋形楼板中先期浇筑的交叉格形肋梁,对围护结构形成框格式水平支撑,待土方开挖完成后再二次浇筑肋形楼板;

(2)跃层逆作法,是在适当的地质环境条件下,根据设计计算结果,通过局部楼板加强以及适当的施工措施,在确保安全的前提下实现跃层超挖,即跳过地下一层或两层结构梁板的施工,实现土方施工的大空间化,提高施工效率。

(3)踏步式逆作法,是将周边若干跨楼板采用逆作法踏步式从上至下施工,余下的中心区域待地下室底板施工完成后逐层向上顺作,并与周边逆作结构衔接完成整个地下室结构。

(4)一柱一桩调垂技术,即在逆作施工中,竖向支承桩柱的垂直精度要求是确保逆作工程质量、安全的核心要素,决定着逆作技术的深度和高度。目前,钢立柱的调垂方法主要有气囊法、校正架法、调垂盘法、液压调垂盘法、孔下调垂机构法、孔下液压调垂法、HDC高精度液压调垂系统等。

1.9.2 技术指标

(1)竖向支承结构宜采用一柱一桩的形式,立柱长细比不应大于25。立柱采用格构柱时,其边长不宜小于420mm,采用钢管混凝土柱时,钢管直径不宜小于500mm。立柱及立柱桩的平面位置允许偏差为10mm,立柱的垂直度允许偏差为1/300,立柱桩的垂直度允许偏差为1/200;

(2)主体结构底板施工前,立柱桩之间及立柱桩与地下连续墙之间的差异沉降不宜大于20mm,且不宜大于柱距的1/400。立柱桩采用钻孔灌注桩时,可采用后注浆措施,以减小立柱桩的沉降;

(3)水平支撑与主体结构水平构件相结合时,同层楼板面存在高差的部位,应验算该部位构件的受弯、受剪和受扭承载能力,在结构楼板的洞口及车道开口部位,当洞口两侧的梁板不能满足传力要求时,应采用设置临时支撑等措施。

逆作法施工技术应符合《建筑地基基础设计规范》GB 50007、《建筑基坑支护技术规程》JGJ 120、《地下建筑工程逆作法技术规程》JGJ 165 的相关规定。

1.9.3 适用范围

逆作法适用于以下基坑：

（1）大面积的地下工程；（2）大深度的地下工程，一般地下室层数大于或等于 2 层的项目更为合理；（3）基坑形状复杂的地下工程；（4）周边状况苛刻，对环境要求很高的地下工程；（5）上部结构工期要求紧迫和地下作业空间较小的地下工程。

目前，逆作法已广泛用于高层建筑地下室、地铁车站、地下车库、市政、人防工程等领域。

1.9.4 工程案例

上海中心裙房工程、上海铁路南站南广场、南京青奥中心、浙江慈溪财富中心工程、天津富力中心、重庆巴南商业中心、北京地铁天安门东站、广州国际银行中心、南宁永凯大厦等工程都采用的逆作法施工技术。

1.10 超浅埋暗挖施工技术

1.10.1 技术内容

在下穿城市道路的地下通道施工时，地下通道的覆盖土厚度与通道跨度之比通常较小，属于超浅埋通道。为了保障城市道路、地下管线及周边建（构）筑物正常运用，需采用严格控制土体变形的超浅埋暗挖施工技术。一般采用长大管棚超前支护加固地下通道周围土体，将整个地下通道断面分为若干个小断面进行顺序错位短距开挖，及时强力支护并封闭成环，形成平顶直墙交替支护结构条件，进行地下通道或空间主体施工的支护技术方法。施工过程中应加强对施工影响范围内的城市道路、管线及建（构）筑物的变形监测，及时反馈信息，及时调整支护参数。

超浅埋暗挖施工技术主要利用钢管刚度强度大，水平钻定位精准，型钢拱架连接加工方便、撑架及时和适用性广等特点，可以在不阻断交通、不损伤路面、不改移管线和不影响居民等城市复杂环境下使用，因此具有安全、可靠、快速、环保、节资等优点。

1.10.2　技术指标

（1）地下通道顶部覆盖土厚度 H 与其暗挖断面跨度 A（矩形底边宽度）之比 $H/A \leqslant 0.4$；

（2）管棚：钢管管径 90 ~ 1000mm，管壁厚度 8、12、14、16mm，长度为 24 ~ 150m；浆液水灰比宜为 0.8 ~ 1，当采用双液注浆时，水泥浆液与水玻璃的比例宜为 1 : 1；

（3）注浆加固渗透系数应不大于 1.0×10^{-6} cm/s；

（4）型钢拱架间距 500 ~ 750mm。

主要参照标准：《钢结构设计规范》GB 50017。

1.10.3　适用范围

一般填土、粘土、粉土、砂土、卵石等第四纪地层中修建的地下通道或地下空间适用超浅埋暗挖施工技术。

1.10.4　工程案例

北京首都机场 2 – 3 号航站楼联络通道、青岛胶州市民广场。

1.11　复杂盾构法施工技术

1.11.1　技术内容

盾构法是一种全机械化的隧道施工方法，通过盾构外壳和管片支承四周围岩防止发生坍塌。同时在开挖面前方用切削装置进行土体开挖，通过出土机械外运出洞，靠千斤顶在后部加压顶进，并拼装预制混凝土管片，形成隧道结构的一种机械化施工方法。由于盾构施工技术对环境影响很小而被广泛地采用，得到了迅速的发展。

复杂盾构法施工技术为复杂地层、复杂地面环境条件下的盾构法施工技术，或大断面圆形（洞径大于 10m）、矩形或双圆等异形断面形式的盾构法施工技术。

选择盾构形式时，除考虑施工区段的围岩条件、地面情况、断面尺寸、隧道长度、隧道线路、工期等各种条件外，还应考虑开挖和衬砌等施工问题，必须选择安全且经济的盾构形式。盾构施工在遇到复杂地层、复杂环境或者盾构截面异形或者盾构截面大时，可以通过分析地层和环境等情况合理配置刀盘、采用合适的掘进模式和掘进技术参数、盾构姿态控制及纠偏技术、采用合适的注浆方式等各种技术要求来解决以上的复杂问题。盾构法施工是一个系统性很强的工程，其设计和施工技术方案的确定，要从各个方面综合权衡与比选，最终确定合理可行的实施方案。

盾构机主要是用来开挖土、砂、围岩的隧道机械，由切口环、支撑环及盾尾三部分组成。就断面形状可分为单圆形、复圆形及非圆形盾构。矩形盾构是横断面为矩形的盾构机，相比圆形盾构，其作业面小，主要用于距地面较近的工程作业。矩形盾构机的研制难度超过圆形盾构机。目前，我国使用的矩形盾构机主要有 2 个、4 个或 6 个刀盘联合工作。

1.11.2 技术指标

（1）承受荷载：设计盾构时需要考虑的荷载，如土压力、水压力、自重、上覆荷载的影响、变向荷载、开挖面前方土压力及其他荷载；

（2）盾构外径：所谓盾构外径，是指盾壳的外径，不考虑超挖刀头、摩擦旋转式刀盘、固定翼、壁后注浆用配管等突出部分；

（3）盾构长度：盾构本体长度指壳板长度的最大值，而盾构机长度则指盾构的前端到尾端的长度。盾构总长系指盾构前端至后端长度的最大值；

（4）总推力：盾构的推进阻力组成包括盾构四周外表面和土之间的摩擦力或粘结阻力（F_1）；推进时，口环刃口前端产生的贯入阻力（F_2）；开挖面前方阻力（F_3）；变向阻力（曲线施工、蛇形修正、变向用稳定翼、挡板阻力等）（F_4）；盾尾内的管片和壳板之间的摩擦力（F_5）；后方台车的牵引阻力（F_6）；以上各种推进阻力的总和（ΣF），须对各种影响因素仔细考虑，留出必要的余量。

1.11.3 适用范围

（1）复杂盾构法施工技术适用于各种复杂的工程地质和水文地质条件，从淤泥质土层到中风化和微风化岩层；

（2）盾构法施工隧道应有足够的埋深，覆土深度不宜小于 6m。隧道覆土太浅，盾构法施工难度较大；在水下修建隧道时，覆土太浅盾构施工安全风险较大；

（3）地面上必须修建用于盾构进出洞和出土进料的工作井位置；

（4）隧道之间或隧道与其他建（构）筑物之间所夹土（岩）体加固处理的

最小厚度为水平方向 1.0m，竖直方向 1.5m；

（5）从经济角度讲，盾构连续施工长度不宜小于 300m。

1.11.4 工程案例

盾构法广泛应用于隧道和地下工程中。上海地铁、跨江隧道均采用盾构法施工。深圳地铁 5 号线的盾构工程穿越复杂地层。南京地铁四号线盾构区间穿越了上软下硬地层以及大量厂房民居，具有地质情况复杂多变、地下水丰富、施工难度大、安全风险高等特点。郑州中州大道采用 6 个刀盘联合工作的矩形盾构机，是我国自主研发的世界最大矩形盾构机。西安地铁 4 号线与武汉地铁 11 号线都采用了盾构法施工。北京的众多地铁线路也采用了盾构法施工，其中 16 号线首次采用外径 6.4m 地铁管片，使隧道空间明显增大。

1.12 非开挖埋管施工技术

1.12.1 技术内容

非开挖埋管施工技术应用较多的主要有顶管法、定向钻进穿越技术以及大断面矩形通道掘进技术。

（1）顶管法

顶管法是在松软土层或富水松软地层中敷设管道的一种施工方法。随着顶管技术的不断发展与成熟，已经涌现了一大批超大口径、超长距离的顶管工程。混凝土顶管管径最大达到 4000mm，一次顶进最长距离也达到 2080m。随着大量超长距离、超大口径顶管工程的出现，也产生了相应的顶管施工新技术。

1）为维持超长距离顶进时的土压平衡，采用恒定顶进速度及多级顶进条件下螺旋机智能出土调速施工技术；该新技术结合分析确定的土压合理波动范围参数，使顶管机智能的适应土压变化，避免大的振动；

2）针对超大口径、超长距离顶进过程中顶力过大问题开发研制了全自动压浆系统，智能分配注浆量，有效进行局部减阻；

3）超长距离、多曲线顶管自动测量及偏离预报技术是迄今为止最为适合超长距离、曲线顶管的测量系统，该测量系统利用多台测量机器人联机跟踪测量技术，结合历史数据，对工具管导引的方向及幅度作出预报，极大地提高了顶进效率和顶管管道的质量。

4）预应力钢筒混凝土管顶管（简称 JPCCP）拼接技术，利用副轨、副顶、主顶全方位三维立体式进行管节接口姿态调整，能有效解决该种新型复合管材高精度接口的拼接难题。

（2）定向钻进穿越

根据入土点和出土点设计出穿越曲线，然后根据穿越曲线利用穿越钻机先钻出导向孔、再进行扩孔处理，回拖管线之后利用泥浆的护壁及润滑作用将已预制试压合格的管段进行回拖，完成管线的敷设施工。其新技术包括：

1）测量钻头位置的随钻测量系统，随钻测量系统的关键技术是在保证钻杆强度的前提下钻杆本体的密封以及钻杆内永久电缆连接处的密封；

2）具有孔底马达的全新旋转导向钻进系统，该系统有效解决了定子和轴承的寿命问题以及可以按照设定导向进行旋转钻进。

（3）大断面矩形地下通道掘进施工技术

利用矩形隧道掘进机在前方掘进，而后将分节预制好的混凝土结构件在土层中顶进、拼装形成地下通道结构的非开挖法施工技术。

矩形隧道掘进机在顶进过程中，通过调节后顶主油缸的推进速度或调节螺旋输送机的转速，以控制搅拌舱的压力，使之与掘进机所处地层的土压力保持平衡，保证掘进机的顺利顶进，并实现上覆土体的低扰动；在刀盘不断转动下，开挖面切削下来的泥土进入搅拌舱，被搅拌成软塑状态的扰动土。对不能软化的天然土，则通过加入水、粘土或其他物质使其塑化，搅拌成具有一定塑性和流动性的混合土，由螺旋输送机排出搅拌舱，再由专用输送设备排出。隧道掘进机掘进至规定行程，缩回主推油缸，将分节预制好的混凝土管节吊入并拼装，然后继续顶进，直至形成整个地下通道结构。

大断面矩形地下通道掘进施工技术施工机械化程度高，掘进速度快，矩形断面利用率高，非开挖施工地下通道结构对地面运营设施影响小，能满足多种截面尺寸的地下通道施工需求。

1. 12. 2　技术指标

（1）顶管法

1）根据工程实际分析螺旋机在不同压力及土质条件下的出土能力变化趋势，设计设定出适应工程的螺旋机智能调速功能，应对不同土层对出土机制的影响；

2）利用带球阀和有自动开闭的压浆装置，结合智能操控平台，使每个注浆孔都被纳入自动控制范围，远程操控、设定压浆参数，合理分配压浆量，在比较坚硬的卵石土层应设定多分配压浆量，比较松软、富水土层少压浆或可不压，起到有的放矢的功效；

3）预应力钢筒混凝土管顶管施工承压管道，采用特制的中继环系统，中继环承插口应按照预应力钢筒混凝土管承插口精度要求制作，保证与其他管节接口密封性能良好；

4）预应力钢筒混凝土顶管管节接口拼接施工，利用三维立体式拼接系统时，在承插口距离临近时，应控制顶进速度 0.001m/s，宜慢不宜快。

（2）定向钻进穿越

1）采用无线传输仪器进行随钻测量，免除有线传输带来的距离限制，在井眼位置安装信号接收仪器，及时反馈轨道监测数据以及掌握钻向动态；

2）根据土层情况设定旋转钻头方向参数以及孔底马达的动力参数，结合远程操控平台智能化进行钻进穿越施工。

（3）大断面矩形地下通道掘进施工技术

地下通道最大宽度 6.9m；地下通道最大高度 4.3m。

1.12.3　适用范围

（1）顶管法

1）特别适用于在具有粘性土、粉性土和砂土的土层中施工，也适用于在具有卵石、碎石和风化残积土的土层中施工；

2）适用于城区水污染治理的截污管施工，适用于液化气与天然气输送管、油管的施工以及动力电缆、宽频网、光纤网等电缆工程的管道施工；

3）适用于城市市政地下工程中穿越公路、铁路、建筑物下的综合通道及地铁人行通道施工。

（2）定向钻进穿越

1）定向钻进穿越法适合的地层条件为砂土、粉土、粘性土、卵石等地况；

2）在不开挖地表面条件下，可广泛应用于供水、煤气、电力、电讯、天然气、石油等管线铺设施工。

（3）大断面矩形地下通道掘进施工技术

能适应 N 值在 10 以下的各类粘性土、砂性土、粉质土及流砂地层；具有较好的防水性能，最大覆土层深度为 15m；通过隧道掘进机的截面模数组合，可满足多种截面大小的地下通道施工需求。

1.12.4　工程案例

（1）顶管法

上海南市水厂过江顶管工程顶进直径为 3000mm 的钢管总长度 1120m；上海

市引水长桥支线顶管工程顶进长度 1743m；嘉兴市污水处理排海工程顶进 2050m 超长距离钢筋混凝土顶管；汕头市第二过海顶管工程顶进 2080m，钢顶管直径 2m；无锡长江引水工程实现 2200mm 钢管双管同步顶进 2500m；上海白龙港污水处理南干线 DN4000 钢混凝土顶管工程长距离顶进 2039m；上海黄浦江闵奉支线 C2 标预应力钢筒混凝土顶管（JPCCP）工程成功顶进 874m。

（2）定向钻进穿越

墨水河定向钻穿越工程，穿越长度为 532m；珠海-中山天然气管道二期工程的磨刀门水道定向钻进穿越工程；郑州南变电站备用电源郑尧高速地下穿越工程；上海市轨道交通 6 号线港城路车辆段 33A 标工程；上海浦东国际机场扩建工程南区给水泵站工程；上海虹桥综合交通枢纽市政道路及配套 1 标段等工程施工都采用了定向钻进穿越技术。

（3）大断面矩形地下通道掘进施工技术

上海轨道交通 6 号线浦电路车站、8 号线中山北路车站、4 号线南浦大桥车站等都采用了大断面矩形地下通道掘进施工技术。

1.13 综合管廊施工技术

1.13.1 技术内容

综合管廊，也可称之"共同沟"，是指城市地下管道综合走廊，它是为实施统一规划、设计、施工和维护，建于城市地下用于敷设市政公用管线的市政公用设施。采取综合管廊可实现各种管线以集约化方式敷设，可以使城市的地下空间资源得以综合利用。

综合管廊的施工方法主要分为明挖施工和暗挖施工。

明挖施工法主要有：放坡开挖施工；水泥土搅拌桩围护结构；板桩墙围护结构以及 SMW 工法等。明挖管廊的施工可采用现浇施工法与预制拼装施工法。现浇施工法可以大面积作业，将整个工程分割为多个施工标段，加快施工进度。预制拼装施工法要求有较大规模的预制厂和大吨位的运输及起吊设备，施工技术要求高，对接缝处施工处理有严格要求。

暗挖施工法主要有盾构法、顶管法等。盾构法和顶管法都是采用专用机械构筑隧道的暗挖施工方法，在隧道的某段的一端建造竖井或基坑，以供机械安装就位。机械从竖井或基坑壁开孔处出发，沿设计轴线，向另一竖井或基坑的设计孔洞推进、构筑隧道，并有效地控制地面隆降。盾构法、顶管法施工具有自动化程度高，对环境影响小，施工安全，质量可靠，施工进度快等特点。

1.13.2　技术指标

（1）明挖法

1）基础工程

综合管廊工程基坑（槽）开挖前，应根据围护结构的类型、工程水文地质条件、施工工艺和地面荷载等因素制定施工方案。

基坑回填应在综合管廊结构及防水工程验收合格后进行。回填材料应符合设计要求及国家现行标准的有关规定。管廊两侧回填应对称、分层、均匀。管廊顶板上部1000mm范围内回填材料应采用人工分层夯实，大型碾压机不得直接在管廊顶板上部施工。综合管廊回填土压实度应符合设计要求。

综合管廊基础施工及质量验收应符合《建筑地基基础工程施工质量验收规范》GB 50202的有关规定。

2）现浇结构

综合管廊模板施工前，应根据结构形式、施工工艺、设备和材料供应条件进行模板及支架设计。模板及支撑的强度、刚度及稳定性应满足受力要求。

混凝土的浇筑应在模板和支架检验合格后进行。入模时应防止离析；连续浇筑时，每层浇筑高度应满足振捣密实的要求；预留孔、预埋管、预埋件及止水带等周边混凝土浇筑时，应辅助人工插捣。

混凝土底板和顶板应连续浇筑不得留置施工缝，设计有变形缝时，应按变形缝分仓浇筑。

混凝土施工质量验收应符合现行国家标准《混凝土结构工程施工质量验收规范》GB 50204的有关规定。

3）预制拼装结构

预制拼装钢筋混凝土构件的模板，应采用精加工的钢模板。

构件堆放的场地应平整夯实，并应具有良好的排水措施。构件运输及吊装时，混凝土强度应符合设计要求。当设计无要求时，不应低于设计强度的75%。

预制构件安装前应对其外观、裂缝等情况应按设计要求及现行国家标准《混凝土结构工程施工质量验收规范》GB 50204的有关规定进行结构性能检验。当构件上有裂缝且宽度超过0.2mm时，应进行鉴定。

预制构件和现浇构件之间、预制构件之间的连接应按设计要求进行施工。预制拼装综合管廊结构采用预应力筋连接接头或螺栓连接接头时，其拼缝接头的受弯承载力应满足设计要求。

螺栓的材质、规格、拧紧力矩应符合设计要求及《钢结构设计规范》GB 50017和《钢结构工程施工质量验收规范》GB 50205的有关规定。

（2）暗挖法

1）盾构法

盾构法的技术指标应符合《盾构法隧道施工与验收规范》GB 50446 的有关规定。

2）顶管法

计算施工顶力时，应综合考虑管节材质、顶进工作井后背墙结构的允许最大荷载、顶进设备能力、施工技术措施等因素。施工最大顶力应大于顶进阻力，但不得超过管材或工作井后背墙的允许顶力。

一次顶进距离大于 100m 时，应采取中继间技术。

顶管法的技术指标应符合《给水排水管道工程施工及验收规范》GB50268 的有关规定。

1.13.3　适用范围

综合管廊主要用于城市统一规划、设计、施工及维护的市政公用设施工程，建于城市地下，用于敷设市政公用管线。

1.13.4　工程案例

综合管廊施工技术工程案例有：北京天安门广场综合管廊、上海浦东新区张杨路共同沟、广州大学城综合管廊、昆明广福路和彩云路综合管廊、中关村（西区）综合管廊、上海世博园区综合管廊、武汉光谷综合管廊、珠海横琴新区环岛综合管廊、上海安亭新镇综合管廊、上海松江新城综合管廊等。

2 钢筋与混凝土技术

2.1 高耐久性混凝土技术

2.1.1 技术内容

高耐久性混凝土是通过对原材料的质量控制、优选及施工工艺的优化控制，合理掺加优质矿物掺合料或复合掺合料，采用高效（高性能）减水剂制成的具有良好工作性、满足结构所要求的各项力学性能、且耐久性优异的混凝土。

（1）原材料和配合比的要求

1）水胶比（W/B）≤0.38；

2）水泥必须采用符合现行国家标准规定的水泥，如硅酸盐水泥或普通硅酸盐水泥等，不得选用立窑水泥；水泥比表面积宜小于 $350m^2/kg$，不应大于 $380m^2/kg$；

3）粗骨料的压碎值≤10%，宜采用分级供料的连续级配，吸水率<1.0%，且无潜在碱骨料反应危害；

4）采用优质矿物掺合料或复合掺合料及高效（高性能）减水剂是配制高耐久性混凝土的特点之一。优质矿物掺合料主要包括硅灰、粉煤灰、磨细矿渣粉及天然沸石粉等，所用的矿物掺合料应符合国家现行有关标准，且宜达到优品级，对于沿海港口、滨海盐田、盐渍土地区，可添加防腐阻锈剂、防腐流变剂等。矿物掺合料等量取代水泥的最大量宜为：硅粉≤10%，粉煤灰≤30%，矿渣粉≤50%，天然沸石粉≤10%，复合掺合料≤50%；

5）混凝土配制强度可按以下公式计算：

$$f_{cu,0} \geq f_{cu,k} + 1.645\sigma$$

式中　$f_{cu,0}$——混凝土配制强度（MPa）；

　　　$f_{cu,k}$——混凝土立方体抗压强度标准值（MPa）；

　　　σ——强度标准差，无统计数据时，预拌混凝土可按《普通混凝土配合比设计规程》JGJ 55 的规定取值。

（2）耐久性设计要求

对处于严酷环境的混凝土结构的耐久性，应根据工程所处环境条件，按《混凝土结构耐久性设计规范》GB/T 50467 进行耐久性设计，考虑的环境劣化因素及采取措施有：

1）抗冻害耐久性要求：

a）根据不同冻害地区确定最大水胶比；

b）不同冻害地区的抗冻耐久性指数 DF 或抗冻等级；

c）受除冰盐冻融循环作用时，应满足单位面积剥蚀量的要求；

d）处于有冻害环境的，应掺入引气剂，引气量应达到 3% ~5%。

2）抗盐害耐久性要求：

a）根据不同盐害环境确定最大水胶比；

b）抗氯离子的渗透性、扩散性，宜以 56d 龄期电通量或 84d 氯离子迁移系数来确定。一般情况下，56d 电通量宜≤800C，84d 氯离子迁移系数宜≤2.5 × $10^{-12}m^2/s$；

c）混凝土表面裂缝宽度符合规范要求。

3）抗硫酸盐腐蚀耐久性要求：

a）用于硫酸盐侵蚀较为严重的环境，水泥熟料中的 C_3A 不宜超过 5%，宜掺加优质的掺合料并降低单位用水量；

b）根据不同硫酸盐腐蚀环境，确定最大水胶比、混凝土抗硫酸盐侵蚀等级；

c）混凝土抗硫酸盐等级宜不低于 KS120。

4）对于腐蚀环境中的水下灌注桩，为解决其耐久性和施工问题，宜掺入具有防腐和流变性能的矿物外加剂，如防腐流变剂等。

5）抑制碱-骨料反应有害膨胀的要求：

a）混凝土中碱含量 <3.0kg/m^3；

b）在含碱环境或高湿度条件下，应采用非碱活性骨料；

c）对于重要工程，应采取抑制碱-骨料反应的技术措施。

2.1.2 技术指标

（1）工作性

根据工程特点和施工条件，确定合适的坍落度或扩展度指标；和易性良好；坍落度经时损失满足施工要求，具有良好的充填模板和通过钢筋间隙的性能。

（2）力学及变形性能

混凝土强度等级宜≥C40；体积稳定性好，弹性模量与同强度等级的普通混凝土基本相同。

（3）耐久性

可根据具体工程情况，按照《混凝土结构耐久性设计规范》GB/T 50467、《混凝土耐久性检验评定标准》JGJ/T 193 及上述技术内容中的耐久性技术指标进行控制；对于极端严酷环境和重大工程，宜针对性地开展耐久性专题研究。

耐久性试验方法宜采用《普通混凝土长期性能和耐久性能试验方法标准》GB/T 50082 和《预防混凝土碱骨料反应技术规范》GB/T 50733 规定的方法。

2.1.3　适用范围

高耐久性混凝土适用于对耐久性要求高的各类混凝土结构工程，如内陆港口与海港、地铁与隧道、滨海地区盐渍土环境工程等，包括桥梁及设计使用年限 100 年的混凝土结构，以及其他严酷环境中的工程。

2.1.4　工程案例

天津地铁、杭州湾大桥、山东东营黄河公路大桥、武汉武昌火车站、广州珠江新城西塔工程、湖南洞庭湖大桥等采用了高耐久性混凝土技术。

2.2　高强高性能混凝土技术

2.2.1　技术内容

高强高性能混凝土（简称 HS – HPC）是具有较高的强度（一般强度等级不低于 C60）且具有高工作性、高体积稳定性和高耐久性的混凝土（"四高"混凝土），属于高性能混凝土（HPC）的一个类别。其特点是不仅具有更高的强度且具有良好的耐久性，多用于超高层建筑底层柱、墙和大跨度梁，可以减小构件截面尺寸增大使用面积和空间，并达到更高的耐久性。

超高性能混凝土（UHPC）是一种超高强（抗压强度可达 150MPa 以上）、高韧性（抗折强度可达 16MPa 以上）、耐久性优异的新型超高强高性能混凝土，是一种组成材料颗粒的级配达到最佳的水泥基复合材料。用其制作的结构构件不仅截面尺寸小，而且单位强度消耗的水泥、砂、石等资源少，具有良好的环境效应。

HS – HPC 的水胶比一般不大于 0.34，胶凝材料用量一般为 $480 \sim 600\text{kg/m}^3$，

硅灰掺量不宜大于 10%，其他优质矿物掺合料掺量宜为 25% ~40%，砂率宜为 35% ~42%，宜采用聚羧酸系高性能减水剂。

UHPC 的水胶比一般不大于 0.22，胶凝材料用量一般为 700 ~1000kg/m³。超高性能混凝土宜掺加高强微细钢纤维，钢纤维的抗拉强度不宜小于 2000MPa，体积掺量不宜小于 1.0%，宜采用聚羧酸系高性能减水剂。

2.2.2　技术指标

（1）工作性

新拌 HS – HPC 最主要的特点是黏度大，为降低混凝土的黏性，宜掺入能够降低混凝土黏性且对混凝土强度无负面影响的外加剂，如降黏型外加剂、降黏增强剂等。UHPC 的水胶比更低，黏性更大，宜掺入能降低混凝土黏性的功能型外加剂，如降黏增强剂等。

混凝土拌合物的技术指标主要是坍落度、扩展度和倒坍落度筒混凝土流下时间（简称倒筒时间）等。对于 HS – HPC，混凝土坍落度不宜小于 220mm，扩展度不宜小于 500mm，倒置坍落度筒排空时间宜为 5 ~20s，混凝土经时损失不宜大于 30mm/h。

（2）HS – HPC 的配制强度可按公式 $f_{cu,0} \geqslant 1.15 f_{cu,k}$ 计算；

UHPC 的配制强度可按公式 $f_{cu,0} \geqslant 1.1 f_{cu,k}$ 计算；

（3）HS – HPC 及 UHPC 因其内部结构密实，孔结构更加合理，通常具有更好的耐久性，为满足抗硫酸盐腐蚀性，宜掺加优质的掺合料，或选择低 C_3A 含量（<8%）的水泥。

（4）自收缩及其控制

1）自收缩与对策

当 HS – HPC 浇筑成型并处于绝湿条件下，由于水泥继续水化，消耗毛细管中的水分，使毛细管失水，产生毛细管张力（负压），引起混凝土收缩，称之自收缩。通常水胶比越低，胶凝材料用量越大，自收缩会越严重。

对于 HS – HPC 一般应控制粗细骨料的总量不宜过低，胶凝材料的总量不宜过高；通过掺加钢纤维可以补偿其韧性损失，但在氯盐环境中，钢纤维不太适用；采用外掺 5% 饱水超细沸石粉的方法，或者内掺吸水树脂类养护剂、外覆盖养护膜以及其他充分的养护措施等，可以有效地控制 HS – HPC 的自收缩。

UHPC 一般通过掺加钢纤维等控制收缩，提高韧性；胶凝材料的总量不宜过高。

2）收缩的测定方法

参照《普通混凝土长期性能和耐久性能试验方法标准》GB/T 50082 进行。

2.2.3　适用范围

HS – HPC 适用于高层与超高层建筑的竖向构件、预应力结构、桥梁结构等混凝土强度要求较高的结构工程。

UHPC 由于高强高韧性的特点，可用于装饰预制构件、人防工程、军事防爆工程、桥梁工程等。

2.2.4　工程案例

合肥天时广场、上海中心大厦、天津 117 大厦、广州珠江新城西塔项目等国内工程已大量应用 HS – HPC，国外超高层建筑及大跨度桥梁也大量应用了 HS – HPC。

目前 UHPC 已成功应用于国内高速铁路的电缆沟盖板（RPC 盖板）、长沙横四路某跨街天桥、马房北江大桥 UHPC 桥面铺装层等。

2.3　自密实混凝土技术

2.3.1　技术内容

自密实混凝土（Self – Compacting Concrete，简称 SCC）具有高流动性、均匀性和稳定性，浇筑时无需或仅需轻微外力振捣，能够在自重作用下流动并能充满模板空间的混凝土，属于高性能混凝土的一种。

自密实混凝土技术主要包括：自密实混凝土的流动性、填充性、保塑性控制技术；自密实混凝土配合比设计；自密实混凝土早期收缩控制技术。

（1）自密实混凝土流动性、填充性、保塑性控制技术

自密实混凝土拌合物应具有良好的工作性，包括流动性、填充性和保水性等。通过骨料的级配控制、优选掺合料以及高效（高性能）减水剂来实现混凝土的高流动性、高填充性。其测试方法主要有坍落扩展度和扩展时间试验方法、J 环扩展度试验方法、离析率筛析试验方法、粗骨料振动离析率跳桌试验方法等。

（2）配合比设计

自密实混凝土配合比设计与普通混凝土有所不同，有全计算法、固定砂石法等。配合比设计时，应注意以下几点要求：

1）单方混凝土用水量宜为 160 ~ 180kg；

2）水胶比根据粉体的种类和掺量有所不同，不宜大于 0.45；

3）根据单位体积用水量和水胶比计算得到单位体积粉体量，单位体积粉体量宜为 0.16~0.23；

4）自密实混凝土单位体积浆体量宜为 0.32~0.40。

（3）自密实混凝土自收缩

由于自密实混凝土水胶比较低、胶凝材料用量较高，导致混凝土自收缩较大，应采取优化配合比、加强养护等措施，预防或减少自收缩引起的裂缝。

2.3.2 技术指标

（1）原材料的技术要求

1）胶凝材料

水泥选用较稳定的硅酸盐水泥或普通硅酸盐水泥；掺合料是自密实混凝土不可缺少的组分之一。一般常用的掺合料有粉煤灰、磨细矿渣、硅灰、粒化高炉矿渣粉、石灰石粉等，也可掺入复合掺合料，复合掺合料宜满足《混凝土用复合掺合料》JG/T 486 中易流型或普通型 I 级的要求。胶凝材料总量宜控制在 400~550kg/m³。

2）细骨料

细骨料质量控制应符合《普通混凝土用砂、石质量及检验方法标准》JGJ 52 以及《混凝土质量控制标准》GB 50164 的要求。

3）粗骨料

粗骨料宜采用连续级配或 2 个及以上单粒级搭配使用，粗骨料的最大粒径一般以小于 20mm 为宜，尽可能选用圆形且不含或少含针、片状颗粒的骨料；对于配筋密集的竖向构件、复杂形状的结构以及有特殊要求的工程，粗骨料的最大公称粒径不宜大于 16mm。

4）外加剂

自密实混凝土具备的高流动性、抗离析性、间隙通过性和填充性这四个方面都需要用以外加剂为主的手段来实现。减水剂宜优先采用高性能减水剂。对减水剂的主要要求为：与水泥的相容性好，减水率大，并具有缓凝、保塑的特性。

（2）自密实性能主要技术指标

对于泵送浇筑施工的工程，应根据构件形状与尺寸、构件的配筋等情况确定混凝土坍落扩展度。对于从顶部浇筑的无配筋或配筋较少的混凝土结构物（如平板）以及无需水平长距离流动的竖向结构物（如承台和一些深基础），混凝土坍落扩展度应满足 550~655mm；对于一般的普通钢筋混凝土结构以及混凝土结构坍落扩展度应满足 660~755mm；对于结构截面较小的竖向构件、形状复杂的结构等，混凝土坍落扩展度应满足 760~850mm；对于配筋密集的结构或有较高混凝土外观性能要求的结构，扩展时间 T_{500}（s）应不大于 2s。其他技术指标应满足《自密实混凝土应用技术规程》JGJ/T 283 的要求。

2.3.3　适用范围

自密实混凝土适用于浇筑量大，浇筑深度和高度大的工程结构；配筋密集、结构复杂、薄壁、钢管混凝土等施工空间受限制的工程结构；工程进度紧、环境噪声受限制或普通混凝土不能实现的工程结构。

2.3.4　工程案例

上海环球金融中心、北京恒基中心过街通道工程、江苏润扬长江大桥、广州珠江新城西塔、苏通大桥承台采用了自密实混凝土技术。

2.4　再生骨料混凝土技术

2.4.1　技术内容

掺用再生骨料配制而成的混凝土称为再生骨料混凝土，简称再生混凝土。科学合理地利用建筑废弃物回收生产的再生骨料以制备再生骨料混凝土，一直是世界各国致力研究的方向，日本等国家已经基本形成完备的产业链。随着我国环境压力严峻、建材资源面临日益紧张的局势，如何寻求可用的非常规骨料作为工程建设混凝土用骨料的有效补充已迫在眉睫，再生骨料成为可行选择之一。

（1）再生骨料质量控制技术

1）再生骨料质量应符合国家标准《混凝土用再生粗骨料》GB/T 25177 或《混凝土和砂浆用再生细骨料》GB/T 25176 的规定，制备混凝土用再生骨料应同时符合行业标准《再生骨料应用技术规程》JGJ/T 240 相关规定。

2）由于建筑废弃物来源的复杂性，各地技术及产业发达程度差异和受加工处理的客观条件限制，部分再生骨料某些指标可能不能满足现行国家标准的要求，须经过试配验证后，可用于配制垫层等非结构混凝土或强度等级较低的结构混凝土。

（2）再生骨料普通混凝土配制技术

设计配制再生骨料普通混凝土时，可参照行业标准《再生骨料应用技术规程》JGJ/T 240 相关规定进行。

2.4.2　技术指标

（1）再生骨料混凝土的拌合物性能、力学性能、长期性能和耐久性能、强度检验评定及耐久性检验评定等，应符合现行国家标准《混凝土质量控制标准》GB 50164 的规定。

（2）再生骨料普通混凝土进行设计取值时，可参照以下要求进行：

1）再生骨料混凝土的轴心抗压强度标准值、轴心抗压强度设计值、轴心抗拉强度标准值、轴心抗拉强度设计值、剪切变形模量和泊松比均可按现行国家标准《混凝土结构设计规范》GB 50010 的规定取值。

2）仅掺用 I 类再生粗骨料配制的混凝土，其受压和受拉弹性模量可按现行国家标准《混凝土结构设计规范》GB 50010 的规定取值；其他类别再生骨料配制的再生骨料混凝土，其弹性模量宜通过试验确定，在缺乏试验条件或技术资料时，可按表 2.1 的规定取值。

表 2.1　再生骨料普通混凝土弹性模量

强度等级	C15	C20	C25	C30	C35	C40
弹性模量（ $\times 10^4 \mathrm{N/mm^2}$ ）	1.83	2.08	2.27	2.42	2.53	2.63

3）再生骨料混凝土的温度线膨胀系数、比热容和导热系数宜通过试验确定。当缺乏试验条件或技术资料时，可按现行国家标准《混凝土结构设计规范》GB 50010 和《民用建筑热工设计规范》GB 50176 的规定取值。

2.4.3　适用范围

我国目前实际生产应用的再生骨料大部分为 II 类及以下再生骨料，宜用于配制 C40 及以下强度等级的非预应力普通混凝土。鼓励再生骨料混凝土大规模用于垫层等非结构混凝土。

2.4.4　工程案例

北京建筑工程学院实验 6 号楼、青岛市海逸景园 6 号工程、邯郸温康药物中间体研发有限公司厂房等采用了再生骨料混凝土技术。

2.5　混凝土裂缝控制技术

2.5.1　技术内容

混凝土裂缝控制与结构设计、材料选择和施工工艺等多个环节相关。结构设计主要涉及结构形式、配筋、构造措施及超长混凝土结构的裂缝控制技术等。材料方面主要涉及混凝土原材料控制和优选、配合比设计优化。施工方面主要涉及施工缝与后浇带、混凝土浇筑、水化热温升控制、综合养护技术等。

（1）结构设计对超长结构混凝土的裂缝控制要求

超长混凝土结构如不在结构设计与工程施工阶段采取有效措施，将会引起不可控制的非结构性裂缝，严重影响结构外观、使用功能和结构的耐久性。超长结构产生非结构性裂缝的主要原因是混凝土收缩、环境温度变化在结构上引起的温差变形与下部竖向结构的水平约束刚度的影响。

为控制超长结构的裂缝，应在结构设计阶段采取有效的技术措施。主要应考虑以下几点：

1）对超长结构宜进行温度应力验算，温度应力验算时应考虑下部结构水平刚度对变形的约束作用、结构合拢后的最大温升与温降及混凝土收缩带来的不利影响，并应考虑混凝土结构徐变对减少结构裂缝的有利因素与混凝土开裂对结构截面刚度的折减影响；

2）为有效减少超长结构的裂缝，对大柱网公共建筑可考虑在楼盖结构与楼板中采用预应力技术，楼盖结构的框架梁应采用有粘接预应力技术，也可在楼板内配置构造无粘接预应力钢筋，建立预压力，以减小由于温度降温引起的拉应力，对裂缝进行有效控制；除了施加预应力以外，还可适当加强构造配筋、采用纤维混凝土等用于减小超长结构裂缝的技术措施；

3）设计时应对混凝土结构施工提出要求，如对大面积底板混凝土浇筑时采用分仓法施工、对超长结构采用设置后浇带与加强带，以减少混凝土收缩对超长结构裂缝的影响；当大体积混凝土置于岩石地基上时，宜在混凝土垫层上设置滑动层，以达到减少岩石地基对大体积混凝土的约束作用。

（2）原材料要求

1）水泥宜采用符合现行国家标准规定的普通硅酸盐水泥或硅酸盐水泥；大体积混凝土宜采用低热矿渣硅酸盐水泥或中、低热硅酸盐水泥，也可使用硅酸盐水泥同时复合大掺量的矿物掺合料；水泥比表面积宜小于 $350m^2/kg$，水泥碱含量应小于 0.6%；用于生产混凝土的水泥温度不宜高于 60℃，不应使用温度高于 60℃ 的水泥拌制混凝土；

2）应采用二级或多级级配粗骨料，粗骨料的堆积密度宜大于 $1500kg/m^3$，紧密堆积密度的空隙率宜小于 40%；骨料不宜直接露天堆放、暴晒，宜分级堆放，堆场上方宜设罩棚；高温季节，骨料使用温度不宜高于 28℃；

3）根据需要，可掺加短钢纤维或合成纤维的混凝土裂缝控制技术措施；合成纤维主要是抑制混凝土早期塑性裂缝的发展，钢纤维的掺入能显著提高混凝土的抗拉强度、抗弯强度、抗疲劳特性及耐久性；纤维的长度、长径比、表面性状、截面性能和力学性能等应符合国家有关标准的规定，并根据工程特点和制备混凝土的性能选择不同的纤维；

4）宜采用高性能减水剂，并根据不同季节和不同施工工艺分别选用标准型、缓凝型或防冻型产品；高性能减水剂引入混凝土中的碱含量（以 $Na_2O + 0.658K_2O$ 计）应小于 $0.3kg/m^3$；引入混凝土中的氯离子含量应小于 $0.02kg/m^3$；引入混凝土中的硫酸盐含量（以 Na_2SO_4 计）应小于 $0.2kg/m^3$。

5）采用的粉煤灰矿物掺合料，应符合现行国家标准《用于水泥和混凝土中的粉煤灰》GB 1596 的规定；粉煤灰的级别不宜低于Ⅱ级，且粉煤灰的需水量比不宜大于 100%，烧失量宜小于 5%；

6）采用的矿渣粉矿物掺合料，应符合《用于水泥和混凝土中的粒化高炉矿渣粉》GB/T 18046 的规定；矿渣粉的比表面积宜小于 $450m^2/kg$，流动度比应大于 95%，28d 活性指数不宜小于 95%。

（3）配合比要求

1）混凝土配合比应根据原材料品质、混凝土强度等级、混凝土耐久性以及施工工艺对工作性的要求，通过计算、试配、调整等步骤选定；

2）配合比设计中应控制胶凝材料用量，C60 以下混凝土最大胶凝材料用量不宜大于 $550kg/m^3$，C60、C65 混凝土胶凝材料用量不宜大于 $560kg/m^3$，C70、C75、C80 混凝土胶凝材料用量不宜大于 $580kg/m^3$，自密实混凝土胶凝材料用量不宜大于 $600kg/m^3$；混凝土最大水胶比不宜大于 0.45；

3）对于大体积混凝土，应采用大掺量矿物掺合料技术，矿渣粉和粉煤灰宜复合使用；

4）纤维混凝土的配合比设计应满足《纤维混凝土应用技术规程》JGJ/T 221 的要求；

5）配制的混凝土除满足抗压强度、抗渗等级等常规设计指标外，还应考虑满足抗裂性指标要求。

（4）大体积混凝土设计龄期

大体积混凝土宜采用长龄期强度作为配合比设计、强度评定和验收的依据。基础大体积混凝土强度龄期可取为 60d（56d）或 90d；柱、墙大体积混凝土强度等级不低于 C80 时，强度龄期可取为 60d（56d）。

（5）施工要求

1）大体积混凝土施工前，宜对施工阶段混凝土浇筑体的温度、温度应力和收缩应力进行计算，确定施工阶段混凝土浇筑体的温升峰值、里表温差及降温速率的控制指标，制定相应的温控技术措施。

　　一般情况下，温控指标宜符合下列要求：夏（热）期施工时，混凝土入模前模板和钢筋的温度以及附近的局部气温不宜高于40℃，混凝土入模温度不宜高于30℃，混凝土浇筑体最大温升值不宜大于50℃；在覆盖养护期间，混凝土浇筑体的表面以内（40～100mm）位置处温度与浇筑体表面的温度差值不应大于25℃；结束覆盖养护后，混凝土浇筑体表面以内（40～100mm）位置处温度与环境温度差值不应大于25℃；浇筑体养护期间内部相邻两点的温度差值不应大于25℃；混凝土浇筑体的降温速率不宜大于2.0℃/d。

　　基础大体积混凝土测温点设置和柱、墙、梁大体积混凝土测温点设置及测温要求应符合《混凝土结构工程施工规范》GB 50666 的要求。

　　2）超长混凝土结构施工前，应按设计要求采取减少混凝土收缩的技术措施，当设计无规定时，宜采用下列方法：

　　分仓法施工：对大面积、大厚度的底板可采用留设施工缝分仓浇筑，分仓区段长度不宜大于40m，地下室侧墙分段长度不宜大于16m；分仓浇筑间隔时间不应少于7d，跳仓接缝处按施工缝的要求设置和处理。

　　后浇带施工：对超长结构一般应每隔40～60m 设一宽度为700～1000mm 的后浇带，缝内钢筋可采用直通或搭接连接；后浇带的封闭时间不宜少于45d；后浇带封闭施工时应清除缝内杂物，采用强度提高一个等级的无收缩或微膨胀混凝土进行浇筑。

　　3）在高温季节浇筑混凝土时，混凝土入模温度应低于30℃，应避免模板和新浇筑的混凝土直接受阳光照射；混凝土入模前模板和钢筋的温度以及附近的局部气温均不应超过40℃；混凝土成型后应及时覆盖，并应尽可能避开炎热的白天浇筑混凝土。

　　4）在相对湿度较小、风速较大的环境下浇筑混凝土时，应采取适当挡风措施，防止混凝土表面失水过快，此时应避免浇筑有较大暴露面积的构件；雨期施工时，必须有防雨措施。

　　5）混凝土的拆模时间除考虑拆模时的混凝土强度外，还应考虑拆模时的混凝土温度不能过高，以免混凝土表面接触空气时降温过快而开裂，更不能在此时浇凉水养护；混凝土内部开始降温以前以及混凝土内部温度最高时不得拆模。

　　一般情况下，结构或构件混凝土的里表温差大于25℃、混凝土表面与大气温差大于20℃时不宜拆模；大风或气温急剧变化时不宜拆模；在炎热和大风干燥季节，应采取逐段拆模、边拆边盖的拆模工艺。

　　6）混凝土综合养护技术措施。对于高强混凝土，由于水胶比较低，可采用混凝土内掺养护剂的技术措施；对于竖向等结构，为避免间断浇水导致混凝土表面干湿交替对混凝土的不利影响，可采取外包节水养护膜的技术措施，保证混凝土表面的持续湿润。

7）纤维混凝土的施工应满足《纤维混凝土应用技术规程》JGJ/T 221 的规定。

2.5.2　技术指标

混凝土的工作性、强度、耐久性等应满足设计要求，关于混凝土抗裂性能的检测评价方法主要方法如下：

（1）圆环抗裂试验，见《混凝土结构耐久性设计与施工指南》CCES01 附录 A1；

（2）平板诱导试验，见《普通混凝土长期性能和耐久性能试验方法标准》GB/T 50082；

（3）混凝土收缩试验，见《普通混凝土长期性能和耐久性能试验方法标准》GB/T 50082。

2.5.3　适用范围

适用于各种混凝土结构工程，特别是超长混凝土结构，如工业与民用建筑、隧道、码头、桥梁及高层、超高层混凝土结构等。

2.5.4　工程案例

北京地铁、天津地铁、中央电视台新办公楼、红沿河核电站安全壳、润扬长江大桥等均采用了混凝土裂缝控制技术。

2.6　超高泵送混凝土技术

2.6.1　技术内容

超高泵送混凝土技术，一般是指泵送高度超过 200m 的现代混凝土泵送技术。近年来，随着经济和社会发展，超高泵送混凝土的建筑工程越来越多，因而超高泵送混凝土技术已成为现代建筑施工中的关键技术之一。超高泵送混凝土技术是一项综合技术，包含混凝土制备技术、泵送参数计算、泵送设备选定与调试、泵管布设和泵送过程控制等内容。

（1）原材料的选择

宜选择 C_2S 含量高的水泥，对于提高混凝土的流动性和减少坍落度损失有显著的效果。粗骨料宜选用连续级配，应控制针片状含量，而且要考虑最大粒径与泵送管径之比，对于高强混凝土，应控制最大粒径范围。细骨料宜选用中砂，因为细砂会使混凝土变得粘稠，而粗砂容易使混凝土离析。采用性能优良的矿物掺合料，如矿粉、Ⅰ级粉煤灰、Ⅰ级复合掺合料或易流型复合掺合料、硅灰等，高强泵送混凝土宜优先选用能降低混凝土粘性的矿物外加剂和化学外加剂，矿物外加剂可选用降粘增强剂等，化学外加剂可选用降粘型减水剂，可使混凝土获得良好的工作性。减水剂应优先选用减水率高、保塑时间长的聚羧酸系减水剂，必要时掺加引气剂，减水剂应与水泥和掺合料有良好的相容性。

（2）混凝土的制备

通过原材料优选、配合比优化设计和工艺措施，使制备的混凝土具有较好的和易性，流动性高，虽粘度较小，但无离析泌水现象，因而有较小的流动阻力，易于泵送。

（3）泵送设备的选择和泵管的布设

泵送设备的选定应参照《混凝土泵送施工技术规程》JGJ/T 10 中规定的技术要求，首先要进行泵送参数的验算，包括混凝土输送泵的型号和泵送能力，水平管压力损失、垂直管压力损失、特殊管的压力损失和泵送效率等。对泵送设备与泵管的要求为：

1）宜选用大功率、超高压的 S 阀结构混凝土泵，其混凝土出口压力满足超高层混凝土泵送阻力要求；

2）应选配耐高压、高耐磨的混凝土输送管道；

3）应选配耐高压管卡及其密封件；

4）应采用高耐磨的 S 管阀与眼镜板等配件；

5）混凝土泵基础必须浇筑坚固并固定牢固，以承受巨大的反作用力，混凝土出口布管应有利于减轻泵头承载；

6）输送泵管的地面水平管折算长度不宜小于垂直管长度的 1/5，且不宜小于 15m；

7）输送泵管应采用承托支架固定，承托支架必须与结构牢固连接，下部高压区应设置专门支架或混凝土结构以承受管道重量及泵送时的冲击力；

8）在泵机出口附近设置耐高压的液压或电动截止阀。

（4）泵送施工的过程控制

应对到场的混凝土进行坍落度、扩展度和含气量的检测，根据需要对混凝土入泵温度和环境温度进行监测，如出现不正常情况，及时采取应对措施；泵送过程中，要实时检查泵车的压力变化、泵管有无渗水、漏浆情况以及各连接件的状况等，发现问题及时处理。泵送施工控制的要求为：

1）合理组织，连续施工，避免中断；

2）严格控制混凝土流动性及其经时变化值；

3）根据泵送高度适当延长初凝时间；

4）严格控制高压条件下的混凝土泌水率；

5）采取保温或冷却措施控制管道温度，防止混凝土摩擦、日照等因素引起管道过热；

6）弯道等易磨损部位应设置加强安全措施；

7）泵管清洗时应妥善回收管内混凝土，避免污染或材料浪费。泵送和清洗过程中产生的废弃混凝土，应按预先确定的处理方法和场所，及时进行妥善处理，并不得将其用于浇筑结构构件。

2.6.2 技术指标

（1）混凝土拌合物的工作性良好，无离析泌水，坍落度宜大于 180mm，混凝土坍落度损失不应影响混凝土的正常施工，经时损失不宜大于 30mm/h，混凝土倒置坍落筒排空时间宜小于 10s。泵送高度超过 300m 的，扩展度宜大于 550mm；泵送高度超过 400m 的，扩展度宜大于 600mm；泵送高度超过 500m 的，扩展度宜大于 650mm；泵送高度超过 600m 的，扩展度宜大于 700mm；

（2）硬化混凝土物理力学性能符合设计要求；

（3）混凝土的输送排量、输送压力和泵管的布设要依据准确的计算，并制定详细的实施方案，进行模拟高程泵送试验；

（4）其他技术指标应符合《混凝土泵送施工技术规程》JGJ/T 10 和《混凝土结构工程施工规范》GB 50666 的规定。

2.6.3 适用范围

超高泵送混凝土技术适用于泵送高度大于 200m 的各种超高层建筑混凝土泵送作业，长距离混凝土泵送作业参照超高泵送混凝土技术。

2.6.4 工程案例

上海中心大厦，天津 117 大厦，广州珠江新城西塔工程。

2.7 高强钢筋应用技术

2.7.1 热轧高强钢筋应用技术

2.7.1.1 技术内容

高强钢筋是指国家标准《钢筋混凝土用钢第 2 部分：热轧带肋钢筋》GB 1499.2 中规定的屈服强度为 400MPa 和 500MPa 级的普通热轧带肋钢筋（HRB）以及细晶粒热轧带肋钢筋（HRBF）。

通过加钒（V）、铌（Nb）等合金元素微合金化的其牌号为 HRB；通过控轧和控冷工艺，使钢筋金相组织的晶粒细化的其牌号为 HRBF；还有通过余热淬水处理的其牌号为 RRB。这三种高强钢筋，在材料力学性能、施工适应性以及可焊性方面，以微合金化钢筋（HRB）为最可靠；细晶粒钢筋（HRBF）其强度指标与延性性能都能满足要求，可焊性一般；而余热处理钢筋其延性较差，可焊性差，加工适应性也较差。

经对各类结构应用高强钢筋的比对与测算，通过推广应用高强钢筋，在考虑构造等因素后，平均可减少钢筋用量约 12% ~ 18%，具有很好的节材作用。按房屋建筑中钢筋工程节约的钢筋用量考虑，土建工程每平方米可节约 25 ~ 38 元。因此，推广与应用高强钢筋的经济效益也十分巨大。

高强钢筋的应用可以明显提高结构构件的配筋效率。在大型公共建筑中，普遍采用大柱网与大跨度框架梁，若对这些大跨度梁采用 400MPa、500MPa 级高强钢筋，可有效减少配筋数量，有效提高配筋效率，并方便施工。

在梁柱构件设计中，有时由于受配置钢筋数量的影响，为保证钢筋间的合适间距，不得不加大构件的截面宽度，导致梁柱截面混凝土用量增加。若采用高强钢筋，可显著减少配筋根数，使梁柱截面尺寸得到合理优化。

2.7.1.2 技术指标

400MPa 和 500MPa 级高强钢筋的技术指标应符合国家标准 GB 1499.2 的规定，钢筋设计强度及施工应用指标应符合《混凝土结构设计规范》GB 50010、《混凝土结构工程施工质量验收规范》GB 50204、《混凝土结构工程施工规范》GB 50666 及其他相关标准。

按《混凝土结构设计规范》GB 50010 规定，400MPa 和 500MPa 级高强钢筋的直径为 6 ~ 50mm；400MPa 级钢筋的屈服强度标准值为 $400N/mm^2$，抗拉强度标准值为 $540N/mm^2$，抗拉与抗压强度设计值为 $360N/mm^2$；500MPa 级钢筋的屈服强度标准值为 500N/mm^2，抗拉强度标准值为 630N/mm^2；抗拉与抗压强度设计值为 435N/mm^2。

对有抗震设防要求结构，并用于按一、二、三级抗震等级设计的框架和斜撑构件，其纵向受力普通钢筋对强屈比、屈服强度超强比与钢筋的延性有更进一步的要求，规范规定应满足下列要求：

钢筋的抗拉强度实测值与屈服强度实测值的比值不应小于 1.25；

钢筋的屈服强度实测值与屈服强度标准值的比值不应大于 1.30；

钢筋最大拉力下的总伸长率实测值不应小于 9%。

为保证钢筋材料符合抗震性能指标，建议采用带后缀"E"的热轧带肋钢筋。

2.7.1.3 适用范围

应优先使用 400MPa 级高强钢筋，将其作为混凝土结构的主力配筋，并主要应用于梁与柱的纵向受力钢筋、高层剪力墙或大开间楼板的配筋。充分发挥 400MPa 级钢筋高强度、延性好的特性，在保证与提高结构安全性能的同时比 335MPa 级钢筋明显减少配筋量。

对于 500MPa 级高强钢筋应积极推广，并主要应用于高层建筑柱、大柱网或重荷载梁的纵向钢筋，也可用于超高层建筑的结构转换层与大型基础筏板等构件，以取得更好的减少钢筋用量效果。

用 HPB300 钢筋取代 HPB235 钢筋，并以 300（335）MPa 级钢筋作为辅助配筋。就是要在构件的构造配筋、一般梁柱的箍筋、普通跨度楼板的配筋、墙的分布钢筋等采用 300（335）MPa 级钢筋。其中 HPB300 光圆钢筋比较适宜用于小构件梁柱的箍筋及楼板与墙的焊接网片。对于生产工艺简单、价格便宜的余热处理工艺的高强钢筋，如 RRB400 钢筋，因其延性、可焊性、机械连接的加工性能都较差，《混凝土结构设计规范》GB 50010 建议用于对于钢筋延性较低的结构构件与部位，如大体积混凝土的基础底板、楼板及次要的结构构件中，做到物尽其用。

2.7.1.4 工程案例

400MPa 级钢筋在国内高层建筑、大型公共建筑等得到大量应用。比较典型的工程有：北京奥运工程、上海世博工程、苏通长江公路大桥等。500MPa 级钢筋应用于中国建筑科学研究院新科研大楼、郑州华林都市家园、河北建设服务中心等多项工程。

2.7.2　高强冷轧带肋钢筋应用技术

2.7.2.1　技术内容

CRB600H 高强冷轧带肋钢筋（简称"CRB600H 高强钢筋"）是国内近年来开发的新型冷轧带肋钢筋。CRB600H 高强钢筋是在传统 CRB550 冷轧带肋钢筋的基础上，经过多项技术改进，从产品性能、产品质量、生产效率、经济效益等多方面均有显著提升。CRB600H 高强钢筋的最大优势是以普通 Q235 盘条为原材，在不添加任何微合金元素的情况下，通过冷轧、在线热处理、在线性能控制等工艺生产，生产线实现了自动化、连续化、高速化作业。

CRB600H 高强钢筋与 HRB400 钢筋售价相当，但其强度更高，应用后可节约钢材达 10%；吨钢应用可节约合金 19kg，节约 9.7kg 标准煤。目前 CRB600H 高强钢筋在河南、河北、湖北、湖南、安徽、山东、重庆等十几个省市建筑工程中广泛应用，节材及综合经济效果十分显著。

2.7.2.2　技术指标

CRB600H 高强钢筋的技术指标应符合现行行业标准《高延性冷轧带肋钢筋》YB/T 4260 和国标《冷轧带肋钢筋》GB 13788 的规定，设计、施工及验收应符合现行行业标准《冷轧带肋钢筋混凝土结构技术规程》JGJ 95—2011 的规定。中国工程建设协会标准《CRB600H 钢筋应用技术规程》、《高强钢筋应用技术导则》及河南、河北、山东等地的地方标准已完成编制。

CRB600H 高强钢筋的直径范围为 5~12mm，抗拉强度标准值为 $600N/mm^2$，屈服强度标准值为 $520N/mm^2$，断后伸长率 14%，最大力均匀伸长率 5%，强度设计值为 $415N/mm^2$（比 HRB400 钢筋的 $360N/mm^2$ 提高 15%）。

2.7.2.3　适用范围

CRB600H 高强钢筋适用于工业与民用房屋和一般构筑物中，具体范围为：板类构件中的受力钢筋（强度设计值取 $415N/mm^2$）；剪力墙竖向、横向分布钢筋及边缘构件中的箍筋，不包括边缘构件的纵向钢筋；梁柱箍筋。由于 CRB600H 钢筋的直径范围为 5~12mm，且强度设计值较高，其在各类板、墙类构件中应用具有较好的经济效益。

2.7.2.4　工程案例

高强冷轧带肋钢筋主要应用于各类公共建筑、住宅及高铁项目中。比较典型的工程有：河北工程大学新校区、武汉光谷之星城市综合体、宜昌新华园住宅区、郑州河医大一附院综合楼、新郑港区民航国际馨苑大型住宅区、安阳城综合商住区等住宅和公共建筑；郑徐客专、沪昆客专、宝兰客专、西成客专等高铁项目中的轨道板中。

2.8 高强钢筋直螺纹连接技术

2.8.1 技术内容

直螺纹机械连接是高强钢筋连接采用的主要方式，按照钢筋直螺纹加工成型方式分为剥肋滚轧直螺纹、直接滚轧直螺纹和镦粗直螺纹，其中剥肋滚轧直螺纹、直接滚轧直螺纹属于无切削螺纹加工，镦粗直螺纹属于切削螺纹加工。钢筋直螺纹加工设备按照直螺纹成型工艺主要分为剥肋滚轧直螺纹成型机、直接滚轧直螺纹成型机、钢筋端头镦粗机和钢筋直螺纹加工机，并已研发了钢筋直螺纹自动化加工生产线；按照连接套筒型式主要分为标准型套筒、加长丝扣型套筒、变径型套筒、正反丝扣型套筒；按照连接接头型式主要分为标准型直螺纹接头、变径型直螺纹接头、正反丝扣型直螺纹接头、加长丝扣型直螺纹接头、可焊直螺纹套筒接头和分体直螺纹套筒接头。高强钢筋直螺纹连接应执行行业标准《钢筋机械连接技术规程》JGJ 107 的有关规定，钢筋连接套筒应执行行业标准《钢筋机械连接用套筒》JG/T 163 的有关规定。

高强钢筋直螺纹连接主要技术内容包括：

（1）钢筋直螺纹丝头加工。钢筋螺纹加工工艺流程是首先将钢筋端部用砂轮锯、专用圆弧切断机或锯切机平切，使钢筋端头平面与钢筋中心线基本垂直；其次用钢筋直螺纹成型机直接加工钢筋端头直螺纹，或者使用镦粗机对钢筋端部镦粗后用直螺纹加工机加工镦粗直螺纹；直螺纹加工完成后用环通规和环止规检验丝头直径是否符合要求；最后用钢筋螺纹保护帽对检验合格的直螺纹丝头进行保护；

（2）直螺纹连接套筒设计、加工和检验验收应符合行业标准《钢筋机械连接用套筒》JG/T 163 的有关规定；

（3）钢筋直螺纹连接。高强钢筋直螺纹连接工艺流程是用连接套筒先将带有直螺纹丝头的两根待连接钢筋使用管钳或安装扳手施加一定拧紧力矩旋拧在一起，然后用专用扭矩扳手校核拧紧力矩，使其达到行业标准《钢筋机械连接技术规程》JGJ 107 规定的各规格接头最小拧紧力矩值的要求，并且使钢筋丝头在套筒中央位置相互顶紧，标准型、正反丝型、异径型接头安装后的单侧外露螺纹不宜超过 2P，对无法对顶的其他直螺纹接头，应附加锁紧螺母、顶紧凸台等措施紧固；

（4）钢筋直螺纹加工设备应符合行业标准《钢筋直螺纹成型机》JG/T 146

的有关规定；

（5）钢筋直螺纹接头应用、接头性能、试验方法、型式检验和施工检验验收，应符合行业标准《钢筋机械连接技术规程》JGJ 107 的有关规定。

2.8.2　技术指标

高强钢筋直螺纹连接接头的技术性能指标应符合行业标准《钢筋机械连接技术规程》JGJ 107 和《钢筋机械连接用套筒》JG/T 163 的规定。其主要技术指标如下：

（1）接头设计应满足强度及变形性能的要求；

（2）接头性能应包括单向拉伸、高应力反复拉压、大变形反复拉压和疲劳性能；应根据接头的性能等级和应用场合选择相应的检验项目；

（3）接头应根据极限抗拉强度、残余变形、最大力下总伸长率以及高应力和大变形条件下反复拉压性能，分为Ⅰ级、Ⅱ级、Ⅲ级三个等级，其性能应分别符合行业标准《钢筋机械连接技术规程》JGJ 107 的规定；

（4）对直接承受重复荷载的结构构件，设计应根据钢筋应力幅提出接头的抗疲劳性能要求。当设计无专门要求时，剥肋滚轧直螺纹钢筋接头、镦粗直螺纹钢筋接头和带肋钢筋套筒挤压接头的疲劳应力幅限值不应小于现行国家标准《混凝土结构设计规范》GB 50010 中普通钢筋疲劳应力幅限值的 80%；

（5）套筒实测受拉承载力不应小于被连接钢筋受拉承载力标准值的 1.1 倍；套筒用于有疲劳性能要求的钢筋接头时，其抗疲劳性能应符合 JGJ 107 的规定；

（6）套筒原材料宜采用牌号为 45 号的圆钢、结构用无缝钢管，其外观及力学性能应符合现行国家标准《优质碳素结构钢》GB/T 699、《用于机械和一般工程用途的无缝钢管》GB/T 8162、《无缝钢管尺寸、外形、重量及允许偏差》GB/T 17395 的规定；

（7）套筒原材料采用 45 号钢冷拔或冷轧精密无缝钢管时，应进行退火处理，并应符合现行国家标准《冷拔或冷轧精密无缝钢管》GB/T 3639 的相关规定，其抗拉强度不应大于 800MPa，断后伸长率 85 不宜小于 14%。冷拔或冷轧精密无缝钢管的原材料应采用牌号为 45 号管坯钢，并符合行业标准《优质碳素结构钢热轧和锻制圆管坯》YB/T 5222 的规定；

（8）采用各类冷加工工艺成型的套筒，宜进行退火处理，且不得利用冷加工提高的强度；需要与型钢等钢材焊接的套筒，其原材料应满足可焊性的要求。

2.8.3　适用范围

高强钢筋直螺纹连接可广泛适用于直径 12～50mmHRB400、HRB500 钢筋各种方位的同异径连接，如粗直径、不同直径钢筋水平、竖向、环向连接，弯折钢筋、超长水平钢筋的连接，两根或多根固定钢筋之间的对接，钢结构型钢柱与混凝土梁主筋的连接等。

2.8.4 工程案例

钢筋直螺纹连接已应用于超高层建筑、市政工程、核电工程、轨道交通等各种工程中，如武汉绿地中心、上海中心、北京中国尊、北京首都机场、红沿河核电站、阳江核电站、台山核电站、北京地铁等。

2.9 钢筋焊接网应用技术

2.9.1 技术内容

钢筋焊接网是将具有相同或不同直径的纵向和横向钢筋分别以一定间距垂直排列，全部交叉点均用电阻点焊焊在一起的钢筋网，分为定型、定制和开口钢筋焊接网三种。钢筋焊接网生产主要采用钢筋焊接网生产线，并采用计算机自动控制的多头焊网机焊接成型，焊接前后钢筋的力学性能几乎没有变化，其优点是钢筋网成型速度快、网片质量稳定、横纵向钢筋间距均匀、交叉点处连接牢固。

应用钢筋焊接网可显著提高钢筋工程质量和施工速度，增强混凝土抗裂能力，具有很好综合经济效益。广泛应用于建筑工程中楼板、屋盖、墙体与预制构件的配筋也广泛应用于道桥工程的混凝土路面与桥面配筋，及水工结构、高铁无砟轨道板、机场跑道等。

钢筋焊接网生产线是将盘条或直条钢筋通过电阻焊方式自动焊接成型为钢筋焊接网的设备，按上料方式主要分为盘条上料、直条上料、混合上料（纵筋盘条上料、横筋直条上料）三种生产线；按横筋落料方式分为人工落料和自动化落料；按焊接网片制品分类，主要分为标准网焊接生产线和柔性网焊接生产线，柔性网焊接生产线不仅可以生产标准网，还可以生产带门窗孔洞的定制网片。钢筋焊接网生产线可用于建筑、公路、防护、隔离等网片生产，还可以用于 PC 构件厂内墙、外墙、叠合板等网片的生产。

目前主要采用 CRB550、CRB600H 级冷轧带肋钢筋和 HRB400、HRB500 级热轧钢筋制作焊接网，焊接网工程应用较多、技术成熟。主要包括钢筋调直切断技术、钢筋网制作配送技术、布网设计及施工安装技术等。

采用焊接网可显著提高钢筋工程质量，大量降低现场钢筋安装工时，缩短工期，适当节省钢材，具有较好的综合经济效益，特别适用于大面积混凝土工程。

2.9.2 技术指标

钢筋焊接网技术指标应符合国家标准《钢筋混凝土用钢筋焊接网》GB/T 1499.3 和行业标准《钢筋焊接网混凝土结构技术规程》JGJ 114 的规定。冷轧带肋钢筋的直径宜采用 5～12mm，CRB550、CRB600H 的强度标准值分别为 500N/mm²、520N/mm²，强度设计值分别为 400N/mm²、415N/mm²；热轧钢筋的直径宜为 6～18mm，HRB400、HRB500 屈服强度标准值分别为 400N/mm²、500N/mm²，强度设计值分别为 360N/mm²、435N/mm²。焊接网制作方向的钢筋间距宜为 100、150、200mm，也可采用 125mm 或 175mm；与制作方向垂直的钢筋间距宜为 100～400mm，且宜为 10mm 的整倍数，焊接网的最大长度不宜超过 12m，最大宽度不宜超过 3.3m。焊点抗剪力不应小于试件受拉钢筋规定屈服力值的 0.3 倍。

2.9.3 适用范围

钢筋焊接网广泛适用于现浇钢筋混凝土结构和预制构件的配筋，特别适用于房屋的楼板、屋面板、地坪、墙体、梁柱箍筋笼以及桥梁的桥面铺装和桥墩防裂网。高速铁路中的无砟轨道底座配筋、轨道板底座及箱梁顶面铺装层配筋。此外可用于隧洞衬砌、输水管道、海港码头、桩等的配筋。

HRB400 级钢筋焊接网由于钢筋延性较好，除用于一般钢筋混凝土板类结构外，更适于抗震设防要求较高的构件（如剪力墙底部加强区）配筋。

2.9.4 工程案例

国内应用焊接网的各类工程数量较多，应用较多的地区为珠江三角洲、长江下游（含上海）和京津等地，如北京百荣世贸商城、深圳市市民中心工程、阳左高速公路、夏汾高速公路、京沪高铁、武广客专等工程。

2.10 预应力技术

2.10.1 技术内容

预应力技术分为先张法预应力和后张法预应力。先张法预应力技术是指通过台座或模板的支撑张拉预应力筋，然后绑扎钢筋浇筑混凝土，待混凝土达到强度后放张预应力筋，从而给构件混凝土施加预应力的方法，该技术目前在构件厂中用于生产预制预应力混凝土构件。后张法预应力技术是先在构件截面内采用预埋预应力管道或配置无粘结、缓粘结预应力筋，再浇筑混凝土，在构件或结构混凝土达到强度后，在结构上直接张拉预应力筋从而对混凝土施加预应力的方法，后张法可以通过有粘结、无粘结、缓粘结等工艺技术实现，也可采用体外束预应力技术。为发挥预应力技术高效的特点，可采用强度为 1860MPa 级以上的预应力筋，通过张拉建立初始应力，预应力筋设计强度可发挥到 1000~1320MPa，该技术可显著节约材料、提高结构性能、减少结构挠度、控制结构裂缝并延长结构寿命。先张法预应力混凝土构件，也常用 1570MPa 的预应力钢丝。预应力技术内容主要包括材料、预应力计算与设计技术、安装及张拉技术、预应力筋及锚头保护技术等。

2.10.2　技术指标

预应力技术用于混凝土结构楼盖，可实现较小的结构高度跨越较大跨度。对平板及夹心板，其结构适用跨度为 7~15m，高跨比为 1/40~1/50；对密肋楼盖或扁梁楼盖，其适用跨度为 8~18m，高跨比为 1/20~1/30；对框架梁、连续梁结构，其适用跨度为 12~40m，高跨比为 1/18~1/25。在高层或超高层建筑的楼盖结构中采用该技术可有效降低楼盖结构高度，实现大跨度，并在保证净高的条件下，降低建筑层高，降低总建筑高度；或在建筑总限高不变条件下，可有效增加建筑层数，具有节省材料和造价，提供灵活空间等优点。在多层大跨度楼盖中采用该技术可提高结构性能、节省钢筋和混凝土材料、简化梁板施工工艺、加快施工速度、降低建筑造价。目前常用预应力筋强度为 1860MPa 级钢绞线，施工张拉应力不超过预应力筋公称强度的 0.75。详细技术指标参见现行国家标准《混凝土结构设计规范》GB 50010、《无粘结预应力混凝土结构技术规程》JGJ 92 等标准。

2.10.3　适用范围

预应力技术可用于多、高层房屋建筑的楼面梁板、转换层、基础底板、地下室墙板等，以抵抗大跨度、重荷载或超长混凝土结构在荷载、温度或收缩等效应下产生的裂缝，提高结构与构件的性能，降低造价；也可用于筒仓、电视塔、核电站安全壳、水池等特种工程结构；还广泛用于各类大跨度混凝土桥梁结构。

2.10.4　工程案例

首都国际机场、上海浦东国际机场、深圳宝安机场等多座航站楼；上海虹桥交通枢纽、西安北站、郑州北站等多座高铁城铁车站站房；百度、京东、上海临港物流园等大面积多层建筑；上海虹桥国家会展中心、深圳会展、青岛会展等大跨会展建筑；北京颐德家园、宁波浙海大厦、长沙国金大厦等高层建筑；还有福建福清、广东台山、海南昌江核电站安全壳等特种工程和大量桥梁工程。

2.11 建筑用成型钢筋制品加工与配送技术

2.11.1 技术内容

建筑用成型钢筋制品加工与配送技术（简称"成型钢筋加工配送技术"）是指由具有信息化生产管理系统的专业化钢筋加工机构进行钢筋大规模工厂化与专业化生产、商品化配送具有现代建筑工业化特点的一种钢筋加工方式。主要采用成套自动化钢筋加工设备，经过合理的工艺流程，在固定的加工场所集中将钢筋加工成为工程所需成型钢筋制品，按照客户要求将其进行包装或组配，运送到指定地点的钢筋加工组织方式。信息化管理系统、专业化钢筋加工机构和成套自动化钢筋加工设备三要素的有机结合是成型钢筋加工配送区别于传统场内或场外钢筋加工模式的重要标志。成型钢筋加工配送技术执行行业标准《混凝土结构成型钢筋应用技术规程》JGJ 366 的有关规定。成型钢筋加工配送技术主要包括内容如下。

（1）信息化生产管理技术：从钢筋原材料采购、钢筋成品设计规格与参数生成、加工任务分解、钢筋下料优化套裁、钢筋与成品加工、产品质量检验、产品捆扎包装，到成型钢筋配送、成型钢筋进场检验验收、合同结算等全过程的计算机信息化管理；

（2）钢筋专业化加工技术：采用成套自动化钢筋加工设备，经过合理的工艺流程，在固定的加工场所集中将钢筋加工成为工程所需的各种成型钢筋制品，主要分为线材钢筋加工、棒材钢筋加工和组合成型钢筋制品加工；线材钢筋加工是指钢筋强化加工、钢筋矫直切断、箍筋加工成型等；棒材钢筋加工是指直条钢筋定尺切断、钢筋弯曲成型、钢筋直螺纹加工成型等；组合成型钢筋制品加工是指钢筋焊接网、钢筋笼、钢筋桁架、梁柱钢筋成型加工等；

（3）自动化钢筋加工设备技术：自动化钢筋加工设备是建筑用成型钢筋制品加工的硬件支持，是指具备强化钢筋、自动调直、定尺切断、弯曲、焊接、螺纹加工等单一或组合功能的钢筋加工机械，包括钢筋强化机械、自动调直切断机械、数控弯箍机械、自动切断机械、自动弯曲机械、自动弯曲切断机械、自动焊网机械、柔性自动焊网机械、自动弯网机械、自动焊笼机械、三角桁架自动焊接机械、梁柱钢筋骨架自动焊接机械、封闭箍筋自动焊接机械、箍筋笼自动成型机械、螺纹自动加工机械等；

（4）成型钢筋配送技术：按照客户要求与客户的施工计划将已加工的成型钢筋以梁、柱、板构件序号进行包装或组配，运送到指定地点。

2.11.2　技术指标

建筑用成型钢筋制品加工与配送技术指标应符合现行行业标准《混凝土结构成型钢筋应用技术规程》JGJ 366 和现行国家标准《混凝土结构用成型钢筋制品》GB 29733 的有关规定。具体要求如下。

（1）钢筋进厂时，加工配送企业应按国家现行相关标准的规定抽取试件作屈服强度、抗拉强度、伸长率、弯曲性能和重量偏差检验，检验结果应符合国家现行相关标准的规定；

（2）盘卷钢筋调直应采用无延伸功能的钢筋调直切断机进行，钢筋调直过程中对于平行辊式调直切断机调直前后钢筋的质量损耗不应大于 0.5%，对于转毂式和复合式调直切断机调直前后钢筋的质量损耗不应大于 1.2%；调直后的钢筋直线度每米不应大于 4mm，总直线度不应大于钢筋总长度的 0.4%，且不应有局部弯折；

（3）钢筋单位长度允许重量偏差、钢筋的工艺性能参数、单件成型钢筋加工的尺寸形状允许偏差、组合成型钢筋加工的尺寸形状允许偏差应分别符合现行行业标准《混凝土结构成型钢筋应用技术规程》JGJ 366 的规定；

（4）成型钢筋进场时，应抽取试件作屈服强度、抗拉强度、伸长率和重量偏差检验，检验结果应符合国家现行相关标准的规定；对由热轧钢筋制成的成型钢筋，当有施工单位或监理单位的代表驻厂监督生产过程，并提供原材钢筋力学性能第三方检验报告时，可仅进行重量偏差检验。

2.11.3　适用范围

成型钢筋加工配送技术可广泛适用于各种现浇混凝土结构的钢筋加工、预制装配建筑混凝土构件钢筋加工，特别适用于大型工程的钢筋量大集中加工，是绿色施工、建筑工业化和施工装配化的重要组成部分。该项技术是伴随着钢筋机械、钢筋加工工艺的技术进步而不断发展的，其主要技术特点是：加工效率高、质量好；降低加工和管理综合成本；加快施工进度，提高钢筋工程施工质量；节材节地、绿色环保；有利于高新技术推广应用和安全文明工地创建。

2.11.4 工程案例

成型钢筋加工配送成套技术已推广应用于多项大型工程，已在阳江核电站、防城港核电站、红沿河核电站、台山核电站等核电工程，天津 117 大厦、北京中国尊、武汉绿地中心、天津周大福金融中心等地标建筑，北京二机场、港珠澳大桥等重点工程大量应用。

2.12 钢筋机械锚固技术

2.12.1 技术内容

钢筋机械锚固技术是将螺帽与垫板合二为一的锚固板通过螺纹与钢筋端部相连形成的锚固装置。其作用机理为：钢筋的锚固力全部由锚固板承担或由锚固板和钢筋的粘结力共同承担（原理见图 2.12），从而减少钢筋的锚固长度，节省钢筋用量。在复杂节点采用钢筋机械锚固技术还可简化钢筋工程施工，减少钢筋密集拥堵绑扎困难，改善节点受力性能，提高混凝土浇筑质量。该项技术的主要内容包括：部分锚固板钢筋的设计应用技术、全锚固板钢筋的设计应用技术、锚固板钢筋现场加工及安装技术等。详细技术内容见现行行业标准《钢筋锚固板应用技术规程》JGJ 256。

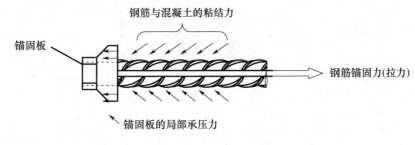

图 2.12 带锚固板钢筋的受力机理示意图

2.12.2 技术指标

部分锚固板钢筋由钢筋的粘结段和锚固板共同承担钢筋的锚固力，此时锚固板承压面积不应小于钢筋公称面积的 4.5 倍，钢筋粘结段长度不宜小于 $0.4l_{ab}$；全锚固板钢筋由锚固板承担全部钢筋的锚固力，此时锚固板承压面积不应小于钢筋公称面积的 9 倍。锚固板与钢筋的连接强度不应小于被连接钢筋极限强度标准值，锚固板钢筋在混凝土中的实际锚固强度不应小于钢筋极限强度标准值，详细技术指标见现行行标准《钢筋锚固板应用技术规程》JGJ 256。

相比传统的钢筋锚固技术，在混凝土结构中应用钢筋机械锚固技术，可减少钢筋锚固长度 40% 以上，节约锚固钢筋 40% 以上。

2.12.3 适用范围

钢筋机械锚固技术适用于混凝土结构中钢筋的机械锚固，主要适用范围有：用锚固板钢筋代替传统弯筋，用于框架结构梁柱节点；代替传统弯筋和直钢筋锚固，用于简支梁支座、梁或板的抗剪钢筋；可广泛应用于建筑工程以及桥梁、水工结构、地铁、隧道、核电站等各类混凝土结构工程的钢筋锚固还可用作钢筋锚杆（或拉杆）的紧固件等。

2.12.4 工程案例

钢筋机械锚固技术已在核电工程、水利水电、房屋建筑等工程领域得到较为广泛地应用。典型的核电工程如：福建宁德、浙江三门、山东海阳、秦山二期扩建、方家山等核电站。典型的水利水电工程如：溪洛渡水电站。典型的房屋建筑工程如：太原博物馆、深圳万科第五园工程等项目。

3 模板脚手架技术

3.1 销键型脚手架及支撑架

销键型钢管脚手架及支撑架是我国目前推广应用最多、效果最好的新型脚手架及支撑架。其中包括：盘销式钢管脚手架、键槽式钢管支架、插接式钢管脚手架等。销键型钢管脚手架分为 $\phi60$ 系列重型支撑架和 $\phi48$ 系列轻型脚手架两大类。销键型钢管脚手架安全可靠、稳定性好、承载力高；全部杆件系列化、标准化、搭拆快、易管理、适应性强；除搭设常规脚手架及支撑架外，由于有斜拉杆的连接，销键型脚手架还可搭设悬挑结构、跨空结构架体，可整体移动、整体吊装和拆卸。

3.1.1 技术内容

（1）销键型钢管脚手架支撑架的立杆上每隔一定距离都焊有连接盘、键槽连接座或其他连接件，横杆、斜拉杆两端焊有连接接头，通过敲击楔形插销或键槽接头，将横杆、斜拉杆的接头与立杆上的连接盘、键槽连接座或连接件锁紧，见图3.1。

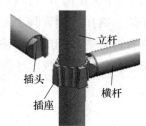

(1) 盘销式脚手架节点　　　　(2) 键槽式支架节点　　　　(3) 插接式脚手架节点

图3.1　销键型钢管脚手架及支撑架

（2）销键型钢管脚手架支撑架分为 $\phi60$ 系列重型支撑架和 $\phi48$ 系列轻型脚手架两大类：

1）$\phi60$ 系列重型支撑架的立杆为 $\phi60 \times 3.2$ 焊管制成（材质为Q345）；立

杆规格有：0.5m、1m、1.5m、2m、2.5m、3m，每隔 0.5m 焊有一个连接盘或键槽连接座；横杆及斜拉杆均采用 $\phi48\times2.5$ 焊管制成，两端焊有插头并配有楔形插销，搭设时每隔 1.5m 搭设一步横杆；

2）$\phi48$ 系列轻型脚手架的立杆为 $\phi48\times3.2$ 焊管制成（材质为 Q345）；立杆规格有：0.5m、1m、1.5m、2m、2.5m、3m，每隔 0.5m 焊有一个连接盘或键槽连接座；横杆采用 $\phi48\times2.5$，斜杆采用 $\phi42\times2.5$、$\phi33\times2.3$ 焊管制成，两端焊有插头并配有楔形插销（键槽式钢管支架采用楔形槽插头），搭设时每隔 1.5～2m 设一步横杆（根据搭设形式确定）；

3）销键型钢管脚手架支撑架一般与可调底座、可调托座以及连墙撑等多种辅助件配套使用；

4）销键型钢管脚手架支撑架施工前应进行相关计算，编制安全专项施工方案，确保架体稳定和安全。

（3）销键型钢管脚手架支撑架的主要特点：

1）安全可靠。立杆上的连接盘或键槽连接座与焊接在横杆或斜拉杆上的插头锁紧，接头传力可靠；立杆与立杆的连接为同轴心承插；各杆件轴心交于一点。架体受力以轴心受压为主，由于有斜拉杆的连接，使得架体的每个单元形成格构柱，因而承载力高，不易发生失稳；

2）搭拆快、易管理，横杆、斜拉杆与立杆连接，用一把铁锤敲击楔型销即可完成搭设与拆除，速度快，功效高；全部杆件系列化、标准化，便于仓储、运输和堆放；

3）适应性强，除搭设一些常规架体外，由于有斜拉杆的连接，盘销式脚手架还可搭设悬挑结构、跨空结构、整体移动、整体吊装、拆卸的架体；

4）节省材料、绿色环保，由于采用低合金结构钢为主要材料，在表面热浸镀锌处理后，与钢管扣件脚手架、碗扣式钢管脚手架相比，在同等荷载情况下，材料可以节省约 1/3 左右，节省材料费和相应的运输费、搭拆人工费、管理费、材料损耗等费用，产品寿命长，绿色环保，技术经济效益明显。

3.1.2 技术指标

销键型脚手架及支撑架主要技术指标如下：

（1）销键型钢管脚手架支撑架按验算立杆允许荷载确定搭设尺寸；

（2）脚手架支撑架安装后的垂直偏差应控制在 1/500 以内；

（3）底座丝杠外露尺寸不得大于相关标准规定要求；

（4）应对节点承载力进行校核，确保节点满足承载力要求，保证结构安全；

（5）表面处理：热镀锌。

3.1.3 适用范围

（1）φ60 系列重型支撑架可广泛应用于公路、铁路的跨河桥、跨线桥、高架桥中的现浇盖梁及箱梁的施工，用作水平模板的承重支撑架。

（2）φ48 系列轻型脚手架适用于直接搭设各类房屋建筑的外墙脚手架，梁板模板支撑架，船舶维修、大坝、核电站施工用的脚手架，各类钢结构施工现场拼装的承重架，各类演出用的舞台架、灯光架、临时看台、临时过街天桥等。

3.1.4 工程案例

销键型脚手架及支撑架主要应用工程案例有：南京禄口机场、安徽芜湖火车站高支模、上海会展中心、京沪高铁支撑架、无锡万科魅力之城 D4 组团建筑外架、长沙黄花机场大道延长线高架桥、长沙国际金融中心、长沙湘江新区综合交通枢纽工程、湖南日报报业大厦、武广高铁长沙站、北京卫星通信大厦、成都银泰广场、首都新机场航站楼和北京市行政副中心等工程。

3.2 集成附着式升降脚手架技术

集成附着式升降脚手架是指搭设一定高度并附着于工程结构上，依靠自身的升降设备和装置，可随工程结构逐层爬升或下降，具有防倾覆、防坠落装置的外脚手架；附着升降脚手架主要由集成化的附着升降脚手架架体结构、附着支座、防倾装置、防坠落装置、升降机构及控制装置等构成。

3.2.1 技术内容

（1）集成附着式升降脚手架设计

1）集成附着式升降脚手架主要由架体系统、附墙系统、爬升系统三部分组成，见图 3.2；

2）架体系统由竖向主框架、水平承力桁架、架体构架、护栏网等组成；

3）附墙系统由预埋螺栓、连墙装置、导向装置等组成；

4）爬升系统由控制系统、爬升动力设备、附墙承力装置，架体承力装置等组成；控制系

图 3.2 全钢集成附着升降脚手架

统采用三种控制方式：计算机控制、手动控制和遥控器控制，并可以通过计算机作为人机交互界面，全中文菜单，简单直观，控制状态一目了然，更适合建筑工地的操作环境；控制系统具有超载、失载自动报警与停机功能；

5）爬升动力设备可以采用电动葫芦或液压千斤顶；

6）集成附着式升降脚手架有可靠的防坠落装置，能够在提升动力失效时迅速将架体系统锁定在导轨或其他附墙点上；

7）集成附着式升降脚手架有可靠的防倾导向装置；

8）集成附着式升降脚手架有可靠的荷载控制系统或同步控制系统，并采用无线控制技术。

（2）集成附着式升降脚手架施工

1）应根据工程结构设计图、塔吊附壁位置、施工流水段等确定附着升降脚手架的平面布置，编制施工组织设计及施工图；

2）根据提升点处的具体结构形式确定附墙方式；

3）制定确保质量和安全施工等有关措施；

4）制定集成附着式升降脚手架施工工艺流程和工艺要点；

5）根据专项施工方案计算所需材料。

3.2.2 技术指标

集成附着式升降脚手架主要技术指标如下：

（1）架体高度不应大于 5 倍楼层高，架体宽度不应大于 1.2m；

（2）两提升点直线跨度不应大于 7m，曲线或折线不应大于 5.4m；

（3）架体全高与支承跨度的乘积不应大于 110m^2；

（4）架体悬臂高度不应大于 6m 和 2/5 架体高度；

（5）每点的额定提升荷载为 100kN。

3.2.3 适用范围

集成附着式升降脚手架适用于高层或超高层建筑的结构施工和装修作业；对于 16 层以上，结构平面外檐变化较小的高层或超高层建筑施工推广应用附着升降脚手架；附着升降脚手架也适用桥梁高墩、特种结构高耸构筑物施工的外脚手架。

3.2.4 工程案例

中山国际灯饰商城、华南港航服务中心、莆田万科城项目、马来西亚住宅项目、中山小榄海港城等工程都采用了集成附着式升降脚手架技术。

3.3　电动桥式脚手架技术

电动桥式脚手架是一种导架爬升式工作平台，沿附着在建筑物上的三角立柱支架通过齿轮齿条传动方式实现平台升降。电动桥式脚手架可替代普通脚手架及电动吊篮，平台运行平稳，使用安全可靠，且可节省大量材料。用于建筑工程施工，特别适合装修作业，见图 3.3。

图 3.3　电动桥式脚手架

3.3.1　技术内容

（1）电动桥式脚手架设计技术

1）电动桥式脚手架由驱动系统、附着立柱系统、作业平台系统三部分组成；

2）驱动系统由电动机、防坠器、齿轮驱动组、导轮组、智能控制器等组成；

3）附着立柱系统由带齿条的立柱标准节、限位立柱节和附墙件等组成；

4）作业平台由三角格构式横梁节、脚手板、防护栏、加宽挑梁等组成；

5）在每根立柱的驱动器上安装两台驱动电机，负责电动施工平台上升和下降；

6）在每一个驱动单元上都安装了独立的防坠装置，当平台下降速度超过额定值时，能阻止施工平台继续下坠，同时启动防坠限位开关切断电源；

7）当平台沿两个立柱同时升降时，附着式电动施工平台配有智能水平同步控制系统，控制平台同步升降；

8）电动桥式脚手架还有最高自动限位、最低自动限位、超越应急限位等智能控制。

（2）电动桥式脚手架施工技术

1）采用电动桥式脚手架应根据工程结构图进行配置设计，绘制工程施工图，合理确定电动桥式脚手架的平面布置和立柱附墙方法，编制施工组织设计并计算出所需的立柱、平台等部件的规格与数量；

2）根据现场基础情况确定合理的基础加固措施；

3）制定确保质量和安全施工等有关措施；

4）在整个机械使用期间严格按维修使用手册要求执行，如果出售、租赁机器，必须将维修使用手册转交给新的用户；

5）电动桥式脚手架维修人员需获得专业认证资格。

3.3.2 技术指标

电动桥式脚手架主要技术指标如下：

（1）平台最大长度：双柱型为 30.1m，单柱型为 9.8m；

（2）最大高度为 260m，当超过 120m 时需采取卸荷措施；

（3）额定荷载：双柱型为 36kN，单柱型为 15kN；

（4）平台工作面宽度为 1.35m，可伸长加宽 0.9m；

（5）立柱附墙间距为 6m；

（6）升降速度为 6m/min。

3.3.3 适用范围

电动桥式脚手架主要用于各种建筑结构外立面装修作业，已建工程的外饰面翻新，为工人提供稳定舒适的施工作业面。

二次结构施工中围护结构砌体砌筑、饰面石材和预制构件安装，施工安全防护。

玻璃幕墙施工、清洁、维护等。

电动桥式脚手架也适用桥梁高墩、特种结构高耸构筑物施工的外脚手架。

3.3.4 工程案例

北京奥运会游泳馆工程、合肥滨湖世纪城、国务院第二招待所改扩建项目、常州大名城、云南省云路中心、三元桥远洋公馆、江苏省镇江新区港南路公租房小区、福建省福州市名城港湾五区、北京方庄芳星园旧楼改造项目、三亚鲁能山海天酒店三期项目、浙江中烟联合工房、神木新村产业服务中心、郑州玉兰苑、北京最高检察院 582 工程、哈尔滨富力江湾新城 12 号楼、哈尔滨万达旅游城产业综合体 A 座等工程都采用了电动桥式脚手架技术。

3.4　液压爬升模板技术

爬模装置通过承载体附着或支承在混凝土结构上，当新浇筑的混凝土脱模后，以液压油缸为动力，以导轨为爬升轨道，将爬模装置向上爬升一层，反复循环作业的施工工艺，简称爬模。目前，我国的爬模技术在工程质量、安全生产、施工进度、降低成本、提高工效和经济效益等方面均有良好的效果。

3.4.1 技术内容

（1）爬模设计

1）采用液压爬升模板施工的工程，必须编制爬模安全专项施工方案，进行爬模装置设计与工作荷载计算；

2）爬模装置由模板系统、架体与操作平台系统、液压爬升系统、智能控制系统四部分组成，见图 3.4-1、图 3.4-2；

图 3.4-1　液压爬升模板外立面　　　　　图 3.4-2　爬模模板及架体

3）根据工程具体情况，爬模技术可以实现墙体外爬、外爬内吊、内爬外吊、内爬内吊、外爬内支等爬升施工；

4）模板可采用组拼式全钢大模板及成套模板配件，也可根据工程具体情况，采用铝合金模板、组合式带肋塑料模板、重型铝框塑料板模板、木工字梁胶合板模板等；模板的高度为标准层层高；

5）模板采用水平油缸合模、脱模，也可采用吊杆滑轮合模、脱模，操作方便安全；钢模板上还可带有脱模器，确保模板顺利脱模；

6）爬模装置全部金属化，确保防火安全；

7）爬模机位同步控制、操作平台荷载控制、风荷载控制等均采用智能控制，做到超过升差、超载、失载的声光报警。

（2）爬模施工

1）爬模组装一般需从已施工 2 层以上的结构开始，楼板需要滞后 4~5 层施工；

2）液压系统安装完成后应进行系统调试和加压试验，确保施工过程中所有接头和密封处无渗漏；

3）混凝土浇筑宜采用布料机均匀布料，分层浇筑、分层振捣；在混凝土养护期间绑扎上层钢筋；当混凝土脱模后，将爬模装置向上爬升一层；

4）一项工程完成后，模板、爬模装置及液压设备可继续在其他工程通用，周转使用次数多；

5）爬模可节省模板堆放场地，对于在城市中心施工场地狭窄的项目有明显的优越性。爬模的施工现场文明，在工程质量、安全生产、施工进度和经济效益等方面均有良好的保证。

3.4.2　技术指标

液压爬升模板的主要技术指标如下：

（1）液压油缸额定荷载 50kN、100kN、150kN，工作行程 150～600mm；

（2）油缸机位间距不宜超过 5m，当机位间距内采用梁模板时，间距不宜超过 6m；

（3）油缸布置数量需根据爬模装置自重及施工荷载计算确定，根据现行行业标准《液压爬升模板工程技术规程》JGJ 195 规定，油缸的工作荷载应不大于额定荷载的 1/2；

（4）爬模装置爬升时，承载体受力处的混凝土强度必须大于 10MPa，并应满足爬模设计要求。

3.4.3　适用范围

液压爬升模板技术适用于高层、超高层建筑剪力墙结构、框架结构核心筒、桥墩、桥塔、高耸构筑物等现浇钢筋混凝土结构工程的液压爬升模板施工。

3.4.4　工程案例

广州 S8 地块项目工程（32 层）、广州珠江城（71 层）、北京 LG 大厦（31 层）、北京财富中心二期工程（55 层）、苏通大桥（300m 高桥塔）、上海环球中心（97 层）、外滩中信城（47 层）等都采用了液压爬升模板技术。

3.5　整体爬升钢平台技术

整体爬升钢平台技术是采用由整体爬升的全封闭式钢平台和脚手架组成一体化的模板脚手架体系进行建筑高空钢筋模板工程施工的技术。该技术通过支撑系统或爬升系统将所承受的荷载传递给混凝土结构，由动力设备驱动，运用支撑系统与爬升系统交替支撑进行模板脚手架体系爬升，实现模板工程高效安全作业，保证结构施工质量，满足复杂多变混凝土结构工程施工的要求。

3.5.1　技术内容

整体爬升钢平台系统主要由钢平台系统、脚手架系统、支撑系统、爬升系统、模板系统构成。

（1）钢平台系统位于顶部，可由钢框架、钢桁架、盖板、围挡板等部件通过组合连接形成整体结构，具有大承载力的特点，满足施工材料和施工机具的停放以及承受脚手架和支撑系统等部件同步作业荷载传递的需要，钢平台系统是地面运往高空物料机具的中转堆放场所；

（2）脚手架系统为混凝土结构施工提供高空立体作业空间，通常连接在钢平台系统下方，侧向及底部采用全封闭状态防止高空坠物，满足高空安全施工需要；

（3）支撑系统为整体爬升钢平台提供支承作用，并将承受的荷载传递至混凝土结构；支撑系统可与脚手架系统一体化设计，协同实现脚手架功能；支撑系统与混凝土结构可通过接触支承、螺栓连接、焊接连接等方式传递荷载；

（4）爬升系统由动力设备和爬升结构部件组合而成，动力设备采用液压控制驱动的双作用液压缸或电动机控制驱动的蜗轮蜗杆提升机等；柱式爬升结构部件由钢格构柱或钢格构柱与爬升靴等组成，墙式爬升部件由钢梁等构件组成；爬升系统的支撑通过接触支承、螺栓连接、焊接连接等方式将荷载传递到混凝土结构；

（5）模板系统用于现浇混凝土结构成型，随整体爬升钢平台系统提升，模板采用大钢模、钢框木模、铝合金框木模等。整体爬升钢平台系统各工作面均设置有人员上下的安全楼梯通道以及临边安全作业防护设施等。

整体爬升钢平台根据现浇混凝土结构体型特征以及混凝土结构劲性柱、伸臂桁架、剪力钢板的布置等进行设计，采用单层或双层施工作业模式，选择适用的爬升系统和支撑系统，分别验算平台爬升作业工况和平台非爬升施工作业工况荷载承受能力；可根据工程需要在钢平台系统上设置布料机、塔机、人货电梯等施工设备，实现整体爬升钢平台与施工机械一体化协同施工；整体爬升钢平台采用标准模块化设计方法，通过信息化自动控制技术实现智能化控制施工。

3.5.2　技术指标

整体爬升钢平台主要技术指标如下：

（1）双作用液压缸可采用短行程、中行程、长行程方式，液压油缸工作行程范围通常为 350～6000mm，额定荷载通常为 400～4000kN，速度 80～100mm/min；

（2）蜗轮蜗杆提升机螺杆行程范围通常为 3500～4500mm，螺杆直经通常为 40mm，额定荷载通常为 100～200kN，速度通常为 30～80mm/min；

（3）双作用液压缸通过液控与电控协同工作，各油缸同步运行误差通常控制不大于 5mm；

（4）蜗轮蜗杆提升机通过电控工作，各提升机同步运行误差通常控制不大于 15mm；

（5）钢平台系统施工活荷载通常取值为 3.0～6.0kN/m²，脚手架和支撑系统通道活荷载通常取值为 1.0～3.0kN/m²；

（6）爬升时按对应 8 级风速的风荷载取值计算，非爬升施工作业时按对应 12 级风速的风荷载取值计算，非爬升施工作业超过 12 级风速时采取构造措施与混凝土结构连接牢固；

（7）整体爬升钢平台支撑于混凝土结构时，混凝土实体强度等级应满足混凝土结构设计要求，且不应小于 10MPa；

（8）整体爬升钢平台防雷接地电阻不应大于 4Ω。

3.5.3　适用范围

整体爬升钢平台技术主要应用于高层和超高层建筑钢筋混凝土结构核心筒工程施工，也可应用于类似结构工程。

3.5.4　工程案例

上海东方明珠电视塔、金茂大厦、上海世茂国际广场、上海环球金融中心、广州塔、南京紫峰大厦、广州珠江新城西塔、深圳京基金融中心、苏州东方之门、上海中心大厦、天津 117 大厦、武汉中心大厦、广州东塔、上海白玉兰广场、武汉绿地中心、北京中国尊、上海静安大中里、南京金鹰国际广场等工程都应用了整体爬升钢平台技术。

3.6　组合铝合金模板施工技术

铝合金模板具有自重轻、强度高、加工精度高、单块幅面大、拼缝少、施工方便的特点；同时模板周转使用次数多、摊销费用低、回收价值高，有较好的综合经济效益；并具有应用范围广、可墙顶同时浇筑、成型混凝土表面质量高、建筑垃圾少的技术优势。铝合金模板符合建筑工业化、环保节能要求。

3.6.1 技术内容

（1）组合铝合金模板设计

1）组合铝合金模板由铝合金带肋面板、端板、主次肋焊接而成，是用于现浇混凝土结构施工的一种组合模板。

2）组合铝合金模板分为平面模板、平模调节模板、阴角模板、阴角转角模板、阳角模板、阳角调节模板、铝梁、支撑头和专用模板。

3）铝合金水平模板采用独立支撑，独立支撑的支撑头分为板底支撑头、梁底支撑头，板底支撑头与单斜铝梁和双斜铝梁连接。铝合金水平模板与独立支撑形成的支撑系统可实现模板早拆，模板和支撑系统一次投入量大大减少，节省了装拆用工和垂直运输用工，降低了工程成本，施工现场文明整洁，见图3.5；

图3.5　铝合金模板

4）每项工程采用铝合金模板应进行配模设计，优先使用标准模板和标准角模，剩余部分配置一定的镶嵌模板。对于异形模板，宜采用角铝胶合板模板、木方胶合板或塑料板模板补缺，力求减少非标准模板比例；

5）每项工程出厂前，进行预拼装，以检查设计和加工质量，确保工地施工时一次安装成功；

6）采用铝合金模板施工，可配备一层模板和三层支撑，对构件截面变化采用调节板局部调整。

（2）组合铝合金模板施工

1）编制组合铝合金模板专项施工方案，确定施工流水段的划分，绘制配模平面图，计算所需的模板规格与数量；

2）模板安装前需要进行测量放线和楼面抄平，必要时在模板底边范围内做好找平层抹灰带，局部不平可临时加垫片，进行砂浆勾缝处理；

3）绑扎墙体钢筋时，对偏离墙体边线的下层插筋进行校正处理；在墙角、墙中及墙高度上、中、下位置设置控制墙面截面尺寸的混凝土撑；

4）安装门窗洞口模板，预埋木盒、铁件、电器管线、接线盒、开关盒等，合模前必须通过隐蔽工程验收；

5）铝模板就位安装按照配模图对号入座，模板之间采用插销及销片连接；模板经靠尺检查并调整垂直后，紧固对拉螺栓或对拉片；

6）独立支撑及斜撑的布置需严格按相关规范和模板施工方案进行。

7）可采取墙柱梁板一起支模、一起浇筑混凝土的施工方法，要求混凝土施工时分层浇筑、分层振捣；在混凝土达到拆模设计强度后，按规范要求有序进行模板拆除；

8）拆除后的模板由下层到上层的运输采取在楼板上预留洞口，由人工倒运，拆除后的模板应及时清理和涂刷隔离剂。

3.6.2　技术指标

组合铝合金模板主要技术指标如下：

（1）铝合金带肋面板、各类型材及板材应选用 6061 – T6、6082 – T6 或不低于上述牌号的力学性能；

（2）平面模板规格：宽度 100 ~600mm，长度 600 ~3000mm，厚度 65mm；

（3）阴角模板规格：100mm × 100mm、100mm × 125mm、100mm × 150mm、110mm × 150mm、120mm × 150mm、130mm × 150mm、140mm × 150mm、150mm × 150mm，长度 600 ~3000mm；

（4）阳角模板规格：65mm ×65mm；

（5）独立支撑常用可调长度：1900 ~3500mm；

（6）墙体模板支点间距为 800mm，在模板上加垂直均布荷载为 30kN/m^2 时，最大挠度不应超过 2mm；在模板上加垂直均布荷载到 45kN/m^2，保荷时间大于 2h 时，应不发生局部破坏或折曲，卸荷后残余变形不超过 0.2mm，所有焊点无裂纹或撕裂；楼板模板支点间距 1200mm，支点设在模板两端，最大挠度不应超过 1/400，且不应超过 2mm。

3.6.3　适用范围

铝合金模板适用于墙、柱、梁、板等混凝土结构支模施工、竖向结构外墙爬模与内墙及梁板支模同步施工，目前在国内住宅标准层得到广泛推广和应用。

3.6.4　工程案例

万科的多个住宅项目（万科城、金色城市、金域蓝湾、大都会等），华润万象城、南宁九州国际、贵阳饭店、松日总部大厦、惠州城杰国际、佛山万科广场项目、珠海万科城市花园项目、杭州万科北辰之光项目、福建万科莆田万科城项目、宁波万科金域传奇项目、温州万科留园生态园项目、上海万科马桥基地项目、南昌地铁万科项目、南宁海天凯旋一号项目等都采用了组合铝合金模板技术。

3.7 组合式带肋塑料模板技术

塑料模板具有表面光滑、易于脱模、重量轻、耐腐蚀性好、模板周转次数多、可回收利用的特点，有利于环境保护，符合国家节能环保要求。塑料模板分为夹芯塑料模板、空腹塑料模板和带肋塑料模板，其中带肋塑料模板在静曲强度、弹性模量等指标方面最好。

3.7.1 技术内容

（1）组合式带肋塑料模板的边肋分为实腹型边肋和空腹型边肋两种，模板之间连接分别采用回形销或塑料销连接，见图3.6；

1 实腹型边肋　　　　　　　　　　　2 空腹型边肋

图3.6 组合式带肋塑料模板

（2）组合式带肋塑料模板分为平面模板、阴角模板、阳角模板，其中平面模板适用于支设墙、柱、梁、板、门窗洞口、楼梯顶模，阴角模板适用于墙体阴角、墙板阴角、墙梁阴角，阳角模板适用于外墙阳角、柱阳角、门窗洞口阳角；

（3）组合式带肋塑料模板的墙柱模采用钢背楞，水平模板采用独立支撑、早拆头或钢梁组成的支撑系统，能实现模板早拆，施工方便、安全可靠；

（4）组合式带肋塑料模板宜采取墙柱梁板一起支模、一起浇筑混凝土，要求混凝土施工时分层浇筑、分层振捣。在梁板混凝土达到拆模设计强度后，保留部分独立支撑和钢梁，按规定要求有序进行模板拆除；

（5）组合式带肋塑料模板表面光洁、不粘混凝土，易于清理，不用涂刷或很少涂刷脱模剂，不污染环境，符合环保要求。

（6）组合式带肋塑料模板施工技术：

1）根据工程结构设计图，分别对墙、柱、梁、板进行配模设计，计算所需的塑料模板和配件的规格与数量；

2）编制模板工程专项施工方案，制定模板安装、拆除方案及施工工艺流程；

3）对模板和支撑系统的刚度、强度和稳定性进行验算；确定保留养护支撑的位置及数量；

4）制定确保组合式带肋塑料模板工程质量、施工安全和模板管理等有关措施。

3.7.2 技术指标

组合式带肋塑料模板主要技术指标如下：

（1）组合式带肋塑料模板宽度为 100～600mm，长度为 100mm、300mm、600mm、900mm、1200mm、1500mm，厚度 50mm；

（2）组拼式阴角模宽度为 100mm、150mm、200mm，长度为 200mm、250mm、300mm、600mm、1200mm、1500mm；

（3）矩形钢管采用 2 根 30mm × 60mm × 2.5mm 或 2 根 40mm × 60mm ×2.5mm；

（4）组合式带肋塑料模板可以周转使用 60～80 次；

（5）组合式带肋塑料模板物理力学性能指标见表 3.7：

表 3.7　组合式带肋塑料模板物理力学性能指标

项目	单位	指标
吸水率	%	≤0.5
表面硬度（邵氏硬度）	H_D	≥58
简支梁无缺口冲击强度	kJ/m²	≥25
弯曲强度	MPa	≥70
弯曲弹性模量	MPa	≥4500
维卡软化点	℃	≥90
加热后尺寸变化率	%	±0.1
燃烧性能等级	级	≥E
模板跨中最大挠度	mm	1.5

3.7.3 适用范围

组合式带肋塑料模板被广泛应用在多层及高层建筑的墙、柱、梁、板结构、桥墩、桥塔、现浇箱形梁、管廊、电缆沟及各类构筑物等现浇钢筋混凝土结构工程上。

3.7.4 工程案例

浙江省台州市温岭银泰城、台州市温岭建设大厦、石家庄市宋营沿街商业楼、贵州省贵阳龙洞堡国际机场航站楼、江西省吉安市城南安置房、上海金山新城 G5 地块配套商品房、安徽省芜湖市万科海上传奇花园、浙江省杭州市萧山区万科金辰之光、柳州市柳工颐华城、中铁大桥局帕德玛大桥、西宁市地下综合管廊工程、北京市丰台区海格通讯大厦工程、广州市广东省建工集团办公楼工程、广州市珠江新城地下车库工程、广州市广钢博会工程、珠海市中国人民银行办公综合楼工程、东莞市粮油项目工程等都采用了组合式带肋塑料模板技术。

3.8 清水混凝土模板技术

清水混凝土是直接利用混凝土成型后的自然质感作为饰面效果的混凝土，见图 3.8-1。清水混凝土模板是按照清水混凝土要求进行设计加工的模板技术。根据结构外形尺寸要求及外观质量要求，清水混凝土模板可采用大钢模板、钢木模板、组合式带肋塑料模板、铝合金模板及聚氨酯内衬模板技术等。

图 3.8-1 清水混凝土的外观效果

3.8.1 技术内容

（1）清水混凝土特点

清水混凝土可分为普通清水混凝土、饰面清水混凝土和装饰清水混凝土。清水混凝土在配合比设计、制备与运输、浇筑、养护、表面处理、成品保护、质量验收方面都应按现行行业标准《清水混凝土应用技术规程》JGJ 169 的相关规定处理；

（2）清水混凝土模板特点

1）清水混凝土是直接利用混凝土成型后的自然质感作为饰面效果的混凝土工程，清水混凝土表面质量的最终效果主要取决于清水混凝土模板的设计、加工、安装和节点细部处理。

2）由于对模板应有平整度、光洁度、拼缝、孔眼、线条与装饰图案的要求，根据清水混凝土的饰面要求和质量要求，清水混凝土模板更应重视模板选型、模板分块、面板分割、对拉螺栓的排列和模板表面平整度等技术指标。

（3）清水混凝土模板设计

1）模板设计前应对清水混凝土工程进行全面深化设计，妥善解决好对饰面效果产生影响的关键问题，如：明缝、蝉缝、对拉螺栓孔眼、施工缝的处理、后浇带的处理等；

2）模板体系选择：选取能够满足清水混凝土外观质量要求的模板体系，具有足够的强度、刚度和稳定性；模板体系要求拼缝严密、规格尺寸准确、便于组装和拆除，能确保周转使用次数要求，清水混凝土模板实例见图 3.8-2；

图 3.8-2　清水混凝土模板实例

3）模板分块原则：在起重荷载允许的范围内，根据蝉缝、明缝分布设计分块，同时兼顾分块的定型化、整体化、模数化和通用化；

4）面板分割原则：应按照模板蝉缝和明缝位置分割，必须保证蝉缝和明缝水平交圈、竖向垂直。装饰清水混凝土的内衬模板，其面板的分割应保证装饰图案的连续性及施工的可操作性；

5）对拉螺栓孔眼排布：应达到规律性和对称性的装饰效果，同时还应满足模板受力要求；

6）节点处理：根据工程设计要求和工程特点合理设计模板节点。

（4）清水混凝土模板施工特点

模板安装时遵循先内侧、后外侧，先横墙、后纵墙，先角模、后墙模的原则；吊装时注意对面板保护，保证明缝、蝉缝的垂直度及交圈；模板配件紧固要用力均匀，保证相邻模板配件受力大小一致，避免模板产生不均匀变形；施工中注意不撞击模板，施工后及时清理模板，涂刷隔离剂，并保护好清水混凝土成品。

3.8.2　技术指标

清水混凝土模板的主要技术指标如下：

（1）饰面清水混凝土模板表面平整度 2mm；

（2）普通清水混凝土模板表面平整度 3mm；

（3）饰面清水混凝土模板相邻面板拼缝高低差 ≤0.5mm；

（4）相邻面板拼缝间隙 ≤0.8mm；

（5）饰面清水混凝土模板安装截面尺寸 ±3mm；

（6）饰面清水混凝土模板安装垂直度（层高不大于5m）3mm。

3.8.3　适用范围

清水混凝土模板适用于体育场馆、候机楼、车站、码头、剧场、展览馆、写字楼、住宅楼、科研楼、学校等工程，同时也适用于桥梁、筒仓、高耸构筑物等工程。

3.8.4　工程案例

北京联想研发中心、北京华贸中心、郑州国际会展中心、西安浐灞生态行政中心、山东博物馆、锦州国际会展中心、广州亚运城综合体育馆等都采用了清水混凝土模板技术。

3.9　预制节段箱梁模板技术

预制节段箱梁是指整跨梁分为不同的节段，在预制厂预制好后，运至架梁现场，由专用节段拼装架桥机逐段拼装成孔，逐孔施工完成。目前，生产节段梁的方式有长线法和短线法两种。预制节段箱梁模板包括长线预制节段箱梁模板和短线预制节段箱梁模板两种。

长线法：将全部节段在一个按设计提供的架梁线形修建的长台座上一块接一块地匹配预制，使前后两块间形成自然匹配面。

短线法：每个节段的浇注均在同一特殊的模板内进行，其一端为一个固定的端模，另一端为已浇梁段（匹配梁），待浇节段的位置不变，通过调整已浇筑匹配梁的几何位置获得任意规定的平、纵曲线的一种施工方法，台座仅需4~6个梁段长。

3.9.1　技术内容

（1）长线预制节段箱梁模板设计技术

长线预制节段箱梁模板由外模、内模、底模、端模等组成，根据梁体结构对模板进行整体设计，模板整体受力分析，见图3.9-1。

外模需具有足够的强度，可整体脱模，易于支撑，与底模的连接简易可靠，并可实现外模整体纵移。

内模需考虑不同节段内模截面变化导致的模板变换，并可满足液压脱模，内模需实现整体纵移行走。

（2）短线预制节段箱梁模板设计技术

短线预制节段箱梁模板需根据梁体节段长度、种类、数量对模板配置进行分析，合理配置模板。短线预制节段箱梁模板由外模、内模、底模、底模小车、固定端模、固定端模支撑架等组成，见图 3.9-2。

图 3.9-1　长线预制节段箱梁模板　　图 3.9-2　短线预制节段箱梁模板

固定端模作为整个模板的测量基准，需保证模板具有足够的强度和精度。底模需实现平移及旋转功能，并可带动匹配节段整体纵移。

外模需具有足够的强度，可整体脱模，易于支撑，为便于与已浇筑节段匹配，外模需满足横向与高度方向的微调，并可实现外模整体纵移一定的距离。

内模需考虑不同节段内模截面变化导致的模板变换，并可满足液压脱模，内模需实现整体纵移行走。

3.9.2　技术指标

预制节段箱梁模板主要技术指标如下：

（1）模板面弧度一致，错台、间隙误差≤0.5mm；

（2）模板制造长度及宽度误差±1mm；

（3）平面度误差≤2mm/2m；

（4）模板安装完后腹板厚误差为（0，+5）mm；

（5）模板安装完后底板厚误差为（0，+5）mm；

（6）模板安装完后顶板厚误差为（0，+5）mm；

（7）模板周转次数 200 次以上。

3.9.3 适用范围

预制节段箱梁主要应用于公路、轻轨、铁路等桥梁中。

3.9.4 工程案例

泉州湾跨海大桥、芜湖长江二桥、上海地铁、乐清湾跨海大桥、澳门轻轨、广州地铁、台州湾跨海大桥、港珠澳跨海大桥都采用了预制节段箱梁模板技术。

3.10 管廊模板技术

管廊的施工方法主要分为明挖施工和暗挖施工。明挖施工可采用明挖现浇施工法与明挖预制拼装施工法。当前,明挖现浇施工管廊工程量很大,工程质量要求高,对管廊模板的需求量大,本管廊模板技术主要包括支模和隧道模两类,适用于明挖现浇混凝土管廊的模板工程。

3.10.1 技术内容

(1)管廊模板设计依据

管廊混凝土浇筑施工工艺可采取工艺为:管廊混凝土分底板、墙板、顶板三次浇筑施工;管廊混凝土分底板、墙板和顶板两次浇筑施工。按管廊混凝土浇筑工艺不同应进行相对应的模板设计与制定施工工艺。

(2)混凝土分两次浇筑的模板施工工艺

1)底板模板现场自备;

2)墙模板与顶板采取组合式带肋塑料模板、铝合金模板、隧道模板施工工艺等,见图 3.10。

1 混凝土分两次浇筑的模板　　　　2 混凝土分三次浇筑的模板

图 3.10　组合式带肋塑料模板在管廊工程中应用

（3）混凝土分三次浇筑的模板施工工艺：

1）底板模板现场自备；

2）墙板模板采用组合式带肋塑料模板、铝合金模板、全钢大模板等；

3）顶板模板采用组合式带肋塑料模板、铝合金模板、钢框胶合板台模等。

（4）管廊模板设计基本要求

1）管廊模板设计应按混凝土浇筑工艺和模板施工工艺进行；

2）管廊模板的构件设计，应做到标准化、通用化；

3）管廊模板设计应满足强度、刚度要求，并应满足支撑系统稳定；

4）管廊外墙模板采用支模工艺施工应优先采用不设对拉螺栓作法，也可采用止水对拉螺栓做法，内墙模板不限；

5）当管廊采用隧道模施工工艺时，管廊模板设计应根据工程情况的不同，可以按全隧道模、半隧道模和半隧道模 + 台模的不同工艺设计；

6）当管廊顶板采用台模施工工艺时，台模应将模板与支撑系统设计成整体，保证整装、整拆、整体移动，并应根据顶板拆模强度条件考虑养护支撑的设计。

（5）管廊模板施工

1）采用组合式带肋塑料模板、铝合金模板、隧道模板施工应符合各类模板的行业标准规定要求及《混凝土结构工程技术规范》GB 50666 规定要求；

2）隧道模是墙板与顶板混凝土同时浇筑、模板同时拆除的一种特殊施工工艺，采用隧道模施工的工程，应重视隧道模拆模时的混凝土强度，并应采取隧道模早拆技术措施。

3.10.2　技术指标

管廊模板主要技术指标如下：

（1）组合式带肋塑料模板：模板厚度 50mm，背楞矩形钢管 2 根 60mm × 30mm ×2mm 或 2 根 60mm ×40mm ×2.5mm。

（2）铝合金模板：模板厚度 65mm，背楞矩形钢管 2 根 80mm ×40mm ×3mm 或 2 根 60mm ×40mm ×2.5mm。

（3）全钢大模板：模板厚度 85mm/86mm，背楞槽钢 100mm。

（4）隧道模：模板台车整体轮廓表面纵向直线度误差 ≤1mm/2m，模板台车前后端轮廓误差 ≤2mm，模板台车行走速度 3 ~8m/min。

3.10.3　适用范围

管廊模板技术适用于现浇混凝土施工的各类管廊工程。

3.10.4　工程案例

组合式带肋塑料模板、铝合金模板应用于西宁市地下综合管廊工程；隧道模应用于朔黄铁路穿越铁路箱涵（全隧道模）、山西太原汾河二库供水发电隧道箱涵（全隧道模）、南水北调滹沱河倒虹吸箱涵（台模）。

3.11　3D 打印装饰造型模板技术

3D 打印装饰造型模板采用聚氨酯橡胶、硅胶等有机材料，打印或浇筑而成，有较好的抗拉强度、抗撕裂强度和粘结强度，且耐碱、耐油，可重复使用50～100 次。通过有装饰造型的模板给混凝土表面作出不同的纹理和肌理，可形成多种多样的装饰图案和线条，利用不同的肌理显示颜色的深浅不同，实现材料的真实质感，具有很好的仿真效果。

3.11.1　技术内容

（1）3D 打印装饰造型模板是一个质量有保证而且非常经济的技术，它使设计师、建筑师、业主做出各种混凝土装饰效果。

（2）3D 打印装饰造型模板通常采用聚氨酯橡胶、硅胶等有机材料，有较好的耐磨性能和延伸率，且耐碱、耐油，易于脱模而不损坏混凝土装饰面，可以准确复制不同造型，肌理，凹槽等。

（3）通过装饰造型模板给混凝土表面作出不同的纹理和肌理，利用不同的肌理显示颜色的深浅不同，实现材料的真实质感，具有很好的仿真效果，见图3.11-1、图 3.11-2；如针对的是高端混凝土市场的一些定制的影像刻板技术造型模板，通过侧面照射过来的阳光，通过图片刻板模板完成的混凝土表面的条纹宽度不一样，可以呈现不同的阴影，使混凝土表面效果非常生动，见图 3.11-3。

1 仿石材纹理　　　　　2 仿竹材纹理　　　　　3 影像纹理

图 3.11　装饰造型模板仿真效果

（4）3D 打印装饰造型模板特点

1）应用装饰造型模板成型混凝土，可实现结构装饰一体化，为工业化建筑省去二次装饰；

2）产品安全耐久，避免了瓷砖脱落等造成的公共安全隐患；

3）节约成本，因为装饰造型模板可以重复使用，可以大量节约生产成本；

4）装饰效果逼真，不管仿石、仿木等任意的造型均可达到与原物一致的效果，从而减少了资源的浪费。

3.11.2　技术指标

3D 打印装饰造型模板主要技术指标参数见表 3.11。

表 3.11　主要技术指标参数

主要指标	1 类模板	2 类模板
模板适用温度	+65℃内	+65℃内
肌理深度	> 25mm	1～25mm
最大尺寸	约 1m×5m	约 4m×10m
弹性体类型	轻型 $\gamma = 0.9$	普通型 $\gamma = 1.4$
反复使用次数	50 次	100 次
包装方式	平放	卷拢

3.11.3　适用范围

通过 3D 打印装饰造型模板技术，可以设计出各种各样独特的装饰造型，为建筑设计师立体造型的选择提供更大的空间，混凝土材料集结构装饰性能为一体，预制建筑构件、现浇构件均可，可广泛应用于住宅、围墙、隧道、地铁站、大型商场等工业与民用建筑，使装饰和结构同寿命，实现建筑装饰与环境的协调。

3.11.4　工程案例

2010 世博上海案例馆、上海崇明桥现浇施工、上海南站现浇隔声屏、上海青浦桥现浇施工、上海虹桥机场 10 号线入口、上海地铁金沙江路站、杭州九堡大桥、上海常德路景观围墙及花坛、上海野生动物园地铁站、世博会中国馆地铁站、上海武宁路桥等都采用了 3D 打印装饰造型模板技术。

4 装配式混凝土结构技术

4.1 装配式混凝土剪力墙结构技术

4.1.1 技术内容

装配式混凝土剪力墙结构是指全部或部分采用预制墙板构件，通过可靠的连接方式后浇混凝土、水泥基灌浆料形成整体的混凝土剪力墙结构。这是近年来在我国应用最多、发展最快的装配式混凝土结构技术。

国内的装配式剪力墙结构体系主要包括：

（1）高层装配整体式剪力墙结构。该体系中，部分或全部剪力墙采用预制构件，预制剪力墙之间的竖向接缝一般位于结构边缘构件部位，该部位采用现浇方式与预制墙板形成整体，预制墙板的水平钢筋在后浇部位实现可靠连接或锚固；预制剪力墙水平接缝位于楼面标高处，水平接缝处钢筋可采用套筒灌浆连接、浆锚搭接连接或在底部预留后浇区内搭接连接的形式。在每层楼面处设置水平后浇带并配置连续纵向钢筋，在屋面处应设置封闭后浇圈梁，采用叠合楼板及预制楼梯，预制或叠合阳台板；该结构体系主要用于高层住宅，整体受力性能与现浇剪力墙结构相当，按"等同现浇"设计原则进行设计；

（2）多层装配式剪力墙结构。与高层装配整体式剪力墙结构相比，多层装配式剪力墙结构计算可采用弹性方法进行结构分析，并可按照结构实际情况建立分析模型，以建立适用于装配特点的计算与分析方法；在构造连接措施方面，边缘构件设置及水平接缝的连接均有所简化，并降低了剪力墙及边缘构件配筋率、配箍率要求，允许采用预制楼盖和干式连接的做法。

4.1.2 技术指标

高层装配整体式剪力墙结构和多层装配式剪力墙结构的设计应符合国家现行标准《装配式混凝土结构技术规程》JGJ 1 和《装配式混凝土建筑技术标准》GB/T 51231 中的规定。《装配式混凝土结构技术规程》JGJ 1、《装配式混凝土建筑技术标准》GB/T 51231 中将装配整体式剪力墙结构的最大适用高度比现浇结构适当降低。装配整体式剪力墙结构的高宽比限值，与现浇结构基本一致。

作为混凝土结构的一种类型，装配式混凝土剪力墙结构在设计和施工中应该符合现行国家标准《混凝土结构设计规范》GB 50010、《混凝土结构施工规范》GB 50666、《混凝土结构工程施工质量验收规范》GB 50204 中各项基本规定。若房屋层数为 10 层及 10 层以上或者高度大于 28m，还应该参照现行行业标准《高层建筑混凝土结构技术规程》JGJ 3 中关于剪力墙结构的一般性规定。

针对装配式混凝土剪力墙结构的特点，结构设计中还应该注意以下基本概念：

（1）应采取有效措施加强结构的整体性。装配整体式剪力墙结构是在选用可靠的预制构件受力钢筋连接技术的基础上，采用预制构件与后浇混凝土相结合的方法，通过连接节点的合理构造措施，将预制构件连接成一个整体，保证其具有与现浇混凝土结构基本等同的承载能力和变形能力，达到与现浇混凝土结构等同的设计目标。其整体性主要体现在预制构件之间、预制构件与后浇混凝土之间的连接节点上，包括接缝混凝土粗糙面及键槽的处理、钢筋连接锚固技术、各类附加钢筋、构造钢筋等；

（2）装配式混凝土结构的材料宜采用高强钢筋与适宜的高强混凝土。预制构件在工厂生产，混凝土构件可实现蒸汽养护，对于混凝土的强度、抗冻性及耐久性有显著提升，方便高强混凝土技术的采用，且可以提早脱模提高生产效率；采用高强混凝土可以减小构件截面尺寸，便于运输吊装；采用高强钢筋，可以减少钢筋数量，简化连接节点，便于施工，降低成本；

（3）装配式结构的节点和接缝应受力明确、构造可靠，一般采用经过充分的力学性能试验研究、施工工艺试验和实际工程检验的节点做法；节点和接缝的承载力、延性和耐久性等一般通过对构造、施工工艺等的严格要求来满足，必要时单独对节点和接缝的承载力进行验算。若采用相关标准、图集中均未涉及的新型节点连接构造，应进行必要的技术研究与试验验证；

（4）装配整体式剪力墙结构中，预制构件合理的接缝位置、尺寸及形状的设计是十分重要的，应以模数化、标准化为设计工作基本原则；接缝对建筑功能、建筑平立面、结构受力状况、预制构件承载能力、制作安装、工程造价等都会产生一定的影响。设计时应满足建筑模数协调、建筑物理性能、结构和预制构件的承载能力、便于施工和进行质量控制等多项要求。

4.1.3 适用范围

在抗震设防烈度为 6～8 度区，装配整体式剪力墙结构可用于高层居住建筑，多层装配式剪力墙结构可用于低、多层居住建筑。

4.1.4 工程案例

北京万科新里程、北京金域缇香高层住宅、北京金域华府 019 地块住宅、合肥滨湖桂园 6 号、8～11 号楼住宅、合肥市包河公租房 1～5 号楼住宅、海门中南世纪城 96～99 号楼公寓等都采用了装配式混凝土剪力墙结构技术。

4.2 装配式混凝土框架结构技术

4.2.1 技术内容

装配式混凝土框架结构包括装配整体式混凝土框架结构及其他装配式混凝土框架结构。装配整体式框架结构是指全部或部分框架梁、柱采用预制构件通过可靠的连接方式装配而成，连接节点处采用现场后浇混凝土、水泥基灌浆料等将构件连成整体的混凝土结构。其他装配式框架主要指各类干式连接的框架结构，主要与剪力墙、抗震支撑等配合使用。

装配整体式框架结构可采用与现浇混凝土框架结构相同的方法进行结构分析，其承载力极限状态及正常使用极限状态的作用效应可采用弹性分析方法。在结构内力与位移计算时，对现浇楼盖和叠合楼盖，均可假定楼盖在其平面为无限刚性。装配整体式框架结构构件和节点的设计均可按与现浇混凝土框架结构相同的方法进行，此外，尚应对叠合梁端竖向接缝、预制柱柱底水平接缝部位进行受剪承载力验算，并进行预制构件在短暂设计状况下的验算。装配整体式框架结构中，应通过合理的结构布置，避免预制柱的水平接缝出现拉力。

装配整体式框架主要包括框架节点后浇和框架节点预制两大类：前者的预制构件在梁柱节点处通过后浇混凝土连接，预制构件为一字形；而后者的连接节点位于框架柱、框架梁中部，预制构件有十字形、T 形、一字形等并包含节点，由于预制框架节点制作、运输、现场安装难度较大，现阶段工程较少采用。

装配整体式框架结构连接节点设计时，应合理确定梁和柱的截面尺寸以及钢筋的数量、间距及位置等，钢筋的锚固与连接应符合国家现行标准相关规定，并应考虑构件钢筋的碰撞问题以及构件的安装顺序，确保装配式结构的易施工性。装配整体式框架结构中，预制柱的纵向钢筋可采用套筒灌浆、机械冷挤压等连接方式。当梁柱节点现浇时，叠合框架梁纵向受力钢筋应伸入后浇节点区锚固或连接，其下部的纵向受力钢筋也可伸至节点区外的后浇段内进行连接。当叠合框架梁采用对接连接时，梁下部纵向钢筋在后浇段内宜采用机械连接、套筒灌浆连接或焊接等连接形式连接。叠合框架梁的箍筋可采用整体封闭箍筋及组合封闭箍筋形式。

4.2.2 技术指标

装配式框架结构的构件及结构的安全性与质量应满足国家现行标准《装配式混凝土结构技术规程》JGJ 12014、《装配式混凝土建筑技术标准》GB/T 51231、《混凝土结构设计规范》GB 50010、《混凝土结构工程施工规范》GB 50666、《混凝土结构工程施工质量验收规范》GB 50204 以及《预制预应力混凝土装配整体式框架结构技术规程》JGJ 224 等的有关规定。当采用钢筋机械连接技术时，应符合现行行业标准《钢筋机械连接应用技术规程》JGJ 107 的规定；当采用钢筋套筒灌浆连接技术时，应符合现行行业标准《钢筋套筒灌浆连接应用技术规程》JGJ 355 的规定；当钢筋采用锚固板的方式锚固时，应符合现行行业标准《钢筋锚固板应用技术规程》JGJ 256 的规定。

装配整体式框架结构的关键技术指标如下：

（1）装配整体式框架结构房屋的最大适用高度与现浇混凝土框架结构基本相同；

（2）装配式混凝土框架结构宜采用高强混凝土、高强钢筋，框架梁和框架柱的纵向钢筋尽量选用大直径钢筋，以减少钢筋数量，拉大钢筋间距，有利于提高装配施工效率，保证施工质量，降低成本；

（3）当房屋高度大于 12m 或层数超过 3 层时，预制柱宜采用套筒灌浆连接，包括全灌浆套筒和半灌浆套筒。矩形预制柱截面宽度或圆形预制柱直径不宜小于 400mm，且不宜小于同方向梁宽的 1.5 倍；预制柱的纵向钢筋在柱底采用套筒灌浆连接时，柱箍筋加密区长度不应小于纵向受力钢筋连接区域长度与 500mm 之和；当纵向钢筋的混凝土保护层厚度大于 50mm 时，宜采取增设钢筋网片等措施，控制裂缝宽度以及在受力过程中的混凝土保护层剥离脱落；当采用叠合框架梁时，后浇混凝土叠合层厚度不宜小于 150mm，抗震等级为一、二级叠合框架梁的梁端箍筋加密区宜采用整体封闭箍筋；

（4）采用预制柱及叠合梁的装配整体式框架中，柱底接缝宜设置在楼面标高处，且后浇节点区混凝土上表面应设置粗糙面。柱纵向受力钢筋应贯穿后浇节点区，柱底接缝厚度为 20mm，并应用灌浆料填实；装配式框架节点中，包括中间层中节点、中间层端节点、顶层中节点和顶层端节点，框架梁和框架柱的纵向钢筋的锚固和连接可采用与现浇框架结构节点的方式，对于顶层端节点还可采用柱伸出屋面并将柱纵向受力钢筋锚固在伸出段内的方式。

4.2.3 适用范围

装配整体式混凝土框架结构可用于6度至8度抗震设防地区的公共建筑、居住建筑以及工业建筑。除8度（0.3g）外，装配整体式混凝土结构房屋的最大适用高度与现浇混凝土结构相同。其他装配式混凝土框架结构，主要适用于各类低多层居住、公共与工业建筑。

4.2.4 工程案例

中建国际合肥住宅工业化研发及生产基地项目配套综合楼、南京万科上坊保障房项目、南京万科九都荟、乐山市第一职业高中实训楼、沈阳浑南十二运安保中心、沈阳南科财富大厦、海门老年公寓、上海颛桥万达广场、上海临港重装备产业区 H36－02 地块等项目都采用了装配整体式混凝土框架结构技术。

4.3 混凝土叠合楼板技术

4.3.1 技术内容

混凝土叠合楼板技术是指将楼板沿厚度方向分成两部分，底部是预制底板，上部后浇混凝土叠合层。配置底部钢筋的预制底板作为楼板的一部分，在施工阶段作为后浇混凝土叠合层的模板承受荷载，与后浇混凝土层形成整体的叠合混凝土构件。

混凝土叠合楼板按具体受力状态，分为单向受力和双向受力叠合板；预制底板按有无外伸钢筋可分为"有胡子筋"和"无胡子筋"；拼缝按照连接方式可分为分离式接缝（即底板间不拉开的"密拼"）和整体式接缝（底板间有后浇混凝土带）。

预制底板按照受力钢筋种类可以分为预制混凝土底板和预制预应力混凝土底板：预制混凝土底板采用非预应力钢筋时，为增强刚度目前多采用桁架钢筋混凝土底板；预制预应力混凝土底板可为预应力混凝土平板和预应力混凝土带肋板、预应力混凝土空心板。

跨度大于3m时预制底板宜采用桁架钢筋混凝土底板或预应力混凝土平板，跨度大于6m时预制底板宜采用预应力混凝土带肋底板、预应力混凝土空心板，叠合楼板厚度大于180mm时宜采用预应力混凝土空心叠合板。

保证叠合面上下两侧混凝土共同承载、协调受力是预制混凝土叠合楼板设计的关键，一般通过叠合面的粗糙度以及界面抗剪构造钢筋实现。

施工阶段是否设置可靠支撑决定了叠合板的设计计算方法。设置可靠支撑的叠合板，预制构件在后浇混凝土重量及施工荷载下，不至于发生影响内力的变形，按整体受弯构件设计计算；无支撑的叠合板，二次成形浇筑混凝土的重量及施工荷载影响了构件的内力和变形，应按二阶段受力的叠合构件进行设计计算。

4.3.2　技术指标

混凝土叠合楼板主要技术指标如下：

（1）预制混凝土叠合楼板的设计及构造要求应符合国家现行标准《混凝土结构设计规范》GB 50010、《装配式混凝土结构技术规程》JGJ 1、《装配式混凝土建筑技术标准》GB/T 51231 的相关要求；预制底板制作、施工及短暂设计状况应符合《混凝土结构施工规范》GB 50066 的相关要求；施工验收应符合《混凝土结构工程施工质量验收规范》GB 50204 的相关要求；

（2）相关国家建筑标准设计图集包括《桁架钢筋混凝土叠合板（60mm 厚底板）》15G366－1、《预制带肋底板混凝土叠合板》14G443、《预应力混凝土叠合板（50mm、60mm 实心底板）》06SG439－1；

（3）预制混凝土底板的混凝土强度等级不宜低于 C30；预制预应力混凝土底板的混凝土强度等级不宜低于 C40，且不应低于 C30；后浇混凝土叠合层的混凝土强度等级不宜低于 C25；

（4）预制底板厚度不宜小于 60mm，后浇混凝土叠合层厚度不应小于 60mm；

（5）预制底板和后浇混凝土叠合层之间的结合面应设置粗糙面，其面积不宜小于结合面的 80%，凹凸深度不应小于 4mm；设置桁架钢筋的预制底板，设置自然粗糙面即可；

（6）预制底板跨度大于 4m，或用于悬挑板及相邻悬挑板上部纵向钢筋在悬挑层内锚固时，应设置桁架钢筋或设置其他形式的抗剪构造钢筋；

（7）预制底板采用预制预应力底板时，应采取控制反拱的可靠措施。

4.3.3　适用范围

混凝土叠合楼板适用于各类房屋中的楼盖结构，特别适用于住宅及各类公共建筑。

4.3.4　工程案例

京投万科新里程、金域华府、宝业万华城、上海城建浦江基地五期经济适用房、合肥蜀山公租房、沈阳地铁惠生新城、深港新城产业化住宅等都采用了混凝土叠合楼板技术。

4.4　预制混凝土外墙挂板技术

4.4.1　技术内容

预制混凝土外墙挂板是安装在主体结构上，起围护、装饰作用的非承重预制混凝土外墙板，简称外墙挂板。外墙挂板按构件构造可分为钢筋混凝土外墙挂板、预应力混凝土外墙挂板两种形式；按与主体结构连接节点构造可分为点支承连接、线支承连接两种形式；按保温形式可分为无保温、外保温、夹心保温等三种形式；按建筑外墙功能定位可分为围护墙板和装饰墙板。各类外墙挂板可根据工程需要与外装饰、保温、门窗结合形成一体化预制墙板系统。

预制混凝土外墙挂板可采用面砖饰面、石材饰面、彩色混凝土饰面、清水混凝土饰面、露骨料混凝土饰面及表面带装饰图案的混凝土饰面等类型外墙挂板，可使建筑外墙具有独特的表现力。

预制混凝土外墙挂板在工厂采用工业化方式生产，具有施工速度快、质量好、维修费用低的优点，主要包括预制混凝土外墙挂板（建筑和结构）设计技术、预制混凝土外墙挂板加工制作技术和预制混凝土外墙挂板安装施工技术。

4.4.2　技术指标

支承预制混凝土外墙挂板的结构构件应具有足够的承载力和刚度，民用外墙挂板仅限跨越一个层高和一个开间，厚度不宜小于100mm，混凝土强度等级不低于C25，主要技术指标如下：

（1）结构性能应满足现行国家标准《混凝土结构设计规范》GB 50010 和《混凝土结构工程施工质量验收规范》GB 50204 要求；

（2）装饰性能应满足现行国家标准《建筑装饰装修工程质量验收规范》GB 50210 要求；

（3）保温隔热性能应满足设计及现行行业标准《民用建筑节能设计标准》JGJ 26 要求；

（4）抗震性能应满足国家现行标准《装配式混凝土结构技术规规程》JGJ 12014、《装配式混凝土建筑技术标准》GB/T 51231 要求。与主体结构采用柔性节点连接，地震时适应结构层间变位性能好，抗震性能满足抗震设防烈度为 8

度的地区应用要求。

（5）构件燃烧性能及耐火极限应满足现行国家标准《建筑防火设计规范》GB 50016 的要求。

（6）作为建筑围护结构产品定位应与主体结构的耐久性要求一致，即不应低于 50 年设计使用年限，饰面装饰（涂料除外）及预埋件、连接件等配套材料耐久性设计使用年限不低于 50 年，其他如防水材料、涂料等应采用 10 年质保期以上的材料，定期进行维护更换。

（7）外墙挂板防水性能与有关构造应符合国家现行有关标准的规定，并符合《建筑业 10 项新技术（2017 版）》第 8.6 节有关规定。

4.4.3 适用范围

预制混凝土外挂墙板适用于工业与民用建筑的外墙工程，可广泛应用于混凝土框架结构、钢结构的公共建筑、住宅建筑和工业建筑中。

4.4.4 工程案例

国家网球中心、奥运会射击馆、（北京）中建技术中心实验楼、（北京）软通动力研发楼、北京昌平轻轨站、国家图书馆二期、河北怀来迦南葡萄酒厂、大连 IBM 办公楼、苏州天山厂房、威海名座、武汉琴台文化艺术中心、安慧千伏变电站、拉萨火车站、杭州奥体中心体育游泳馆、扬州体育公园体育场、济南万科金域国际、天津万科东丽湖等工程均采用了预制混凝土外墙挂板技术。

4.5 夹心保温墙板技术

4.5.1 技术内容

三明治夹心保温墙板（简称"夹心保温墙板"）是指把保温材料夹在两层混凝土墙板（内叶墙、外叶墙）之间形成的复合墙板，可达到增强外墙保温节能性能，减小外墙火灾危险，提高墙板保温寿命从而减少外墙维护费用的目的。夹心保温墙板一般由内叶墙、保温板和拉接件和外叶墙组成，形成类似于三明治的构造形式，内叶墙和外叶墙一般为钢筋混凝土材料，保温板一般为 B1 或 B2 级有机保温材料，拉接件一般为 FRP 高强复合材料或不锈钢材质。夹心保温墙板可广泛应用于预制墙板或现浇墙体中，但预制混凝土外墙更便于采用夹心保温墙板技术。

根据夹心保温外墙的受力特点，可分为非组合夹心保温外墙、组合夹心保温外墙和部分组合夹心保温外墙。其中非组合夹心保温外墙内外叶混凝土受力相互独立，易于计算和设计，可适用于各种高层建筑的剪力墙和围护墙；组合夹心保温外墙的内外叶混凝土需要共同受力，一般只适用于单层建筑的承重外墙或作为围护墙；部分组合夹心保温外墙的受力介于组合和非组合之间，受力非常复杂，计算和设计难度较大，其应用方法及范围有待进一步研究。

非组合夹心墙板一般由内叶墙承受所有的荷载作用，外叶墙起到保温材料的保护层作用，两层混凝土之间可以产生微小的相互滑移，保温拉接件对外叶墙的平面内变形约束较小，可以释放外叶墙在温差作用下的产生的温度应力，从而避免外叶墙在温度作用下产生开裂，使得外叶墙、保温板与内叶墙和结构同寿命。我国装配混凝土结构预制外墙主要采用的是非组合夹心墙板。

夹心保温墙板中的保温拉接件布置应综合考虑墙板生产、施工和正常使用工况下的受力安全和变形影响。

4.5.2　技术指标

夹心保温墙板的设计应该与建筑结构同寿命，墙板中的保温拉接件应具有足够的承载力和变形性能。非组合夹心墙板应遵循"外叶墙混凝土在温差变化作用下能够释放温度应力，与内叶墙之间能够形成微小的自由滑移"的设计原则。

对于非组合夹心保温外墙的拉接件在与混凝土共同工作时，承载力安全系数应满足以下要求：对于抗震设防烈度为7度、8度地区，考虑地震组合时安全系数不小于3.0，不考虑地震组合时安全系数不小于4.0；对于9度及以上地区，必须考虑地震组合，承载力安全系数不小于3.0。

非组合夹心保温墙板的外叶墙在自重作用下垂直位移应控制在一定范围内，内、外叶墙之间不得有穿过保温层的混凝土连通桥。

夹心保温墙板的热工性能应满足节能计算要求。拉结件本身应满足力学、锚固及耐久等性能要求，拉结件的产品与设计应用应符合国家现行有关标准的规定。

4.5.3　适用范围

夹心保温墙板技术适用于高层及多层装配式剪力墙结构外墙、高层及多层装配式框架结构非承重外墙挂板、高层及多层钢结构非承重外墙挂板等外墙形式，可用于各类居住与公共建筑。

4.5.4 工程案例

北京万科中粮假日风景、天津万科东丽湖项目、沈阳地铁开发公司凤凰新城、沈阳地铁开发公司惠生小区及惠民小区、北京郭公庄保障房项目、北京旧宫保障房、济南西区济水上苑 17 号楼、济南港兴园保障房、中建科技武汉新洲区阳逻深港新城、合肥宝业润园项目、上海保利置业南大项目、长沙三一保障房项目、乐山华构办公楼、天津远大北京实创基地公租房等均采用了夹心保温墙板技术。

4.6 叠合剪力墙结构技术

4.6.1 技术内容

叠合剪力墙结构是指采用两层带格构钢筋（桁架钢筋）的预制墙板，现场安装就位后，在两层板中间浇筑混凝土，辅以必要的现浇混凝土剪力墙、边缘构件、楼板，共同形成的叠合剪力墙结构。在工厂生产预制构件时，设置桁架钢筋，既可作为吊点，又增加平面外刚度，防止起吊时开裂。在使用阶段，桁架钢筋作为连接墙板的两层预制片与二次浇筑夹心混凝土之间的拉接筋，可提高结构整体性能和抗剪性能。同时，这种连接方式区别于其他装配式结构体系，板与板之间无拼缝，无需做拼缝处理，防水性好。

利用信息技术，将叠合式墙板和叠合式楼板的生产图纸转化为数据格式文件，直接传输到工厂主控系统读取相关数据，并通过全自动流水线，辅以机械支模手进行构件生产，所需人工少，生产效率高，构件精度达毫米级。同时，构件形状可自由变化，在一定程度上解决了"模数化限制"的问题，突破了个性化设计与工业化生产的矛盾。

4.6.2 技术指标

叠合剪力墙结构采用与现浇剪力墙结构相同的方法进行结构分析与设计，其主要力学技术指标与现浇混凝土结构相同，但当同一层内既有预制又有现浇抗侧力构件时，地震设计状况下宜对现浇水平抗侧力构件在地震作用下的弯矩和剪力乘以不小于 1.1 的增大系数。高层叠合剪力墙结构其建筑高度、规则性、结构类型应满足现行国家标准《装配式混凝土建筑技术标准》GB/T 51231 等规范标准要求。

结构与构件的设计应满足国家现行标准《建筑结构荷载规范》GB 50009、《建筑抗震设计规范》GB 50011、《混凝土结构设计规范》GB 50010 和《装配式混凝土建筑技术标准》GB/T 51231 等现行国家、行业规范标准要求。

4.6.3 适用范围

叠合剪力墙结构适用于抗震设防烈度为 6~8 度的多层、高层建筑，包含工业与民用建筑。除了地上，本技术结构体系具有良好的整体性和防水性能，还适用于地下工程，包含地下室、地下车库、地下综合管廊等。

4.6.4 工程案例

青浦爱多邦、万华城 23 号楼、上海地产曹路保障房、袍江保障房、滨湖润园、南岗第二公租房、滨湖桂园保障房、新站区公租房、天门湖公租房、经开区出口加工区公租房、合肥保障试验楼、1 号试验楼、蚌埠大禹家园等；南翔星信综合体、中纺 CBD 商业中心、之江学院等；顺园大规模地下车库、青年城半地下车库、滨湖康园地下车库、临湖二期地下人防等工程均采用了叠合剪力墙结构技术。

4.7 预制预应力混凝土构件技术

4.7.1 技术内容

预制预应力混凝土构件是指通过工厂生产并采用先张预应力技术的各类水平和竖向构件，其主要包括：预制预应力混凝土空心板、预制预应力混凝土双 T 板、预制预应力梁以及预制预应力墙板等。各类预制预应力水平构件可形成装配式或装配整体式楼盖，空心板、双 T 板可不设后浇混凝土层，也可根据使用要求与结构受力要求设置后浇混凝土层。预制预应力梁可为叠合梁，也可为非叠合梁。预制预应力墙板可应用与各类公共建筑与工业建筑中。

预制预应力混凝土构件的优势在于采用高强预应力钢丝、钢绞线，可以节约钢筋和混凝土用量，并降低楼盖结构高度，施工阶段普遍不设支撑而节约支模费用，综合经济效益显著。预制预应力混凝土构件组成的楼盖具有承载能力大，整体性好，抗裂度高等优点，完全符合"四节一环保"的绿色施工标准，以及建筑工业化的发展要求。预制预应力技术可增加墙板的长度，有利于实现多层一墙板。

4.7.2 技术指标

预制预应力混凝土构件主要技术指标：

（1）预应力混凝土空心板的标志宽度为 1.2m，也有 0.6m、0.9m 等其他宽度；标准板高 100mm、120mm、150mm、180mm、200mm、250mm、300mm、380mm 等；不同截面高度能够满足的板轴跨度为 3～18m；

（2）预应力混凝土双 T 板包括双 T 坡板和双 T 平板，坡板的标志宽度 2.4m、3.0m 等，坡板的标志跨度 9m、12m、15m、18m、21m、24m 等；平板的标志跨度 2.0m、2.4m、3.0m 等，平板的标志跨度 9m、12m、15m、18m、21m、24m 等；

（3）预应力混凝土梁跨度根据工程实际确定，在工业建筑中多为 6m、7.5m、9m 跨度；

（4）预应力混凝土墙板多为固定宽度（1.5m、2.0m、3.0m 等），长度根据柱距或层高确定。

根据工程需要，也可采用非标跨度、宽度的构件，采用单独设计的方法即可。

预制预应力混凝土板的生产、安装、施工应满足国家现行标准《混凝土结构设计规范》GB 50010，《混凝土结构工程施工质量验收规范》GB 50204，《装配式混凝土结构技术规程》JGJ 1 的有关规定。工程应用可执行《预应力混凝土圆孔板》03SG435 - 1～2，《SP 预应力空心板》05SG408，《预应力混凝土双 T 板》06SG432 - 1、09SG432 - 2、08SG432 - 3，《大跨度预应力空心板（跨度 4.2m～18.0m)》13G440 等国家建筑标准设计图集，直接选用预制构件，也可根据工程情况单独设计。

4.7.3 适用范围

预制预应力混凝土构件广泛适用于各类工业与民用建筑中。预应力混凝土空心板可用于混凝土结构、钢结构建筑中的楼盖与外墙挂板，预应力混凝土双 T 板多用于公共建筑、工业建筑的楼盖、屋盖，其中双 T 坡板仅用于屋盖，9m 以内跨度楼盖，可采用预应力空心板（SP 板）+后浇叠合层的叠合楼盖，9m 以内的超重载及 9m 以上的楼盖，采用预应力混凝土双 T 板 +后浇叠合层的叠合楼盖。预制预应力梁截面可为矩形、花篮梁或 L 形、倒 T 形，便于与预应力混凝土双 T 板和空心板连接。

4.7.4 工程案例

青岛鼎信通讯科技产业园厂房，采用重载双 T 板叠合楼盖；乐山市第一职业高中实训楼，采用预制预应力空心板楼盖。

4.8 钢筋套筒灌浆连接技术

4.8.1 技术内容

钢筋套筒灌浆连接技术是指带肋钢筋插入内腔为凹凸表面的灌浆套筒，通过向套筒与钢筋的间隙灌注专用高强水泥基灌浆料，灌浆料凝固后将钢筋锚固在套筒内实现针对预制构件的一种钢筋连接技术。该技术将灌浆套筒预埋在混凝土构件内，在安装现场从预制构件外通过注浆管将灌浆料注入套筒，来完成预制构件钢筋的连接，是预制构件中受力钢筋连接的主要形式，主要用于各种装配整体式混凝土结构的受力钢筋连接。

钢筋套筒灌浆连接接头由钢筋、灌浆套筒、灌浆料三种材料组成，其中灌浆套筒分为半灌浆套筒和全灌浆套筒，半灌浆套筒连接的接头一端为灌浆连接，另一端为机械连接。

钢筋套筒灌浆连接施工流程主要包括：预制构件在工厂完成套筒与钢筋的连接、套筒在模板上的安装固定和进出浆管道与套筒的连接，在建筑施工现场完成构件安装、灌浆腔密封、灌浆料加水拌合及套筒灌浆。

竖向预制构件的受力钢筋连接可采用半灌浆套筒或全灌浆套筒。构件宜采用联通腔灌浆方式，并应合理划分连通腔区域。构件也可采用单个套筒独立灌浆，构件就位前水平缝处应设置坐浆层。套筒灌浆连接应采用由经接头型式检验确认的与套筒相匹配的灌浆料，使用与材料工艺配套的灌浆设备，以压力灌浆方式将灌浆料从套筒下方的进浆孔灌入，从套筒上方出浆孔流出，及时封堵进出浆孔，确保套筒内有效连接部位的灌浆料填充密实。

水平预制构件纵向受力钢筋在现浇带处连接可采用全灌浆套筒连接。套筒安装到位后，套筒注浆孔和出浆孔应位于套筒上方，使用单套筒灌浆专用工具或设备进行压力灌浆，灌浆料从套筒一端进浆孔注入，从另一端出浆口流出后，进浆、出浆孔接头内灌浆料浆面均应高于套筒外表面最高点。

套筒灌浆施工后，灌浆料同条件养护试件的抗压强度达到 35MPa 后，方可进行对接头有扰动的后续施工。

4.8.2 技术指标

钢筋套筒灌浆连接技术的应用须满足国家现行标准《装配式混凝土技术规

程》JGJ 1、《钢筋套筒灌浆连接应用技术规程》JGJ 355 和《装配式混凝土建筑技术标准》GB/T 51231 的相关规定。钢筋套筒灌浆连接的传力机理比传统机械连接更复杂，《钢筋套筒灌浆连接应用技术规程》JGJ 355 对钢筋套筒灌浆连接接头性能、型式检验、工艺检验、施工与验收等进行了专门要求。

灌浆套筒按加工方式分为铸造灌浆套筒和机械加工灌浆套筒。铸造灌浆套筒宜选用球墨铸铁，机械加工套筒宜选用优质碳素结构钢、低合金高强度结构钢、合金结构钢或其它经过接头型式检验确定符合要求的钢材。

灌浆套筒的设计、生产和制造应符合现行行业标准《钢筋连接用灌浆套筒》JG/T 398 的相关规定，专用水泥基灌浆料应符合现行行业标准《钢筋连接用套筒灌浆料》JG/T 408 的各项要求。当采用其他材料的灌浆套筒时，套筒性能指标应符合有关产品标准的规定。

套筒材料主要性能指标：球墨铸铁灌浆套筒的抗拉强度不小于 550MPa，断后伸长率不小于 5%，球化率不小于 85%；各类钢制灌浆套筒的抗拉强度不小于 600MPa，屈服强度不小于 355MPa，断后伸长率不小于 16%；其他材料套筒符合有关产品标准要求。

灌浆料主要性能指标：初始流动度不小 300mm，30min 流动度不小于 260mm，1d 抗压强度不小于 35MPa，28d 抗压强度不小于 85MPa。

套筒材料在满足断后伸长率等指标要求的情况下，可采用抗拉强度超过 600MPa（如 900MPa、1000MPa）的材料，以减小套筒壁厚和外径尺寸，也可根据生产工艺采用其他强度的钢材。灌浆料在满足流动度等指标要求的情况下，可采用抗压强度超过 85MPa（如 110MPa、130MPa）的材料，以便于连接大直径钢筋、高强钢筋和缩短灌浆套筒长度。

4.8.3　适用范围

钢筋套筒灌浆连接技术适用于装配整体式混凝土结构中直径 12 ~ 40mm 的 HRB400、HRB500 钢筋的连接，包括：预制框架柱和预制梁的纵向受力钢筋、预制剪力墙竖向钢筋等的连接，也可用于既有结构改造现浇结构竖向及水平钢筋的连接。

4.8.4　工程案例

北京长阳半岛、紫云家园、长阳天地、金域华府、沈阳春河里、沈阳十二运安保中心、南科财富大厦、华润紫云府、万科铁西蓝山、长春一汽技术中心停车楼、大连万科城、南京上坊青年公寓、万科九都荟、合肥蜀山四期公租房、庐阳湖畔新城、上海佘北大型居住社区、青浦新城、浦东新区民乐大型居住社区、龙信老年公寓、龙信广场、中南世纪城、成都锦丰新城、西安兴盛家园、乌鲁木齐龙禧佳苑、福建建超工业化楼等工程均采用了钢筋套筒灌浆连接技术。

4.9 装配式混凝土结构建筑信息模型应用技术

4.9.1 技术内容

利用建筑信息模型（BIM）技术，实现装配式混凝土结构的设计、生产、运输、装配、运维的信息交互和共享，实现装配式建筑全过程一体化协同工作。应用 BIM 技术，装配式建筑、结构、机电、装饰装修全专业协同设计，实现建筑、结构、机电、装修一体化；设计 BIM 模型直接对接生产、施工，实现设计、生产、施工一体化。

4.9.2 技术指标

建筑信息模型（BIM）技术指标主要有支撑全过程 BIM 平台技术、设计阶段模型精度、各类型部品部件参数化程度、构件标准化程度、设计直接对接工厂生产系统 CAM 技术、以及基于 BIM 与物联网技术的装配式施工现场信息管理平台技术。装配式混凝土结构设计应符合国家现行标准《装配式混凝土建筑技术标准》GB/T 51231、《装配式混凝土结构技术规程》JGJ 1 和《混凝土结构设计规范》GB 50010 等的有关要求，也可选用《预制混凝土剪力墙外墙板》15G365 - 1、《预制钢筋混凝土阳台板、空调板及女儿墙》15G368 - 1 等国家建筑标准设计图集。

除上述各项规定外，针对建筑信息模型技术的特点，在装配式建筑全过程 BIM 技术应用还应注意以下关键技术内容：

（1）搭建模型时，应采用统一标准格式的各类型构件文件，且各类型构件文件应按照固定、规范的插入方式，放置在模型的合理位置；

（2）预制构件出图排版阶段，应结合构件类型和尺寸，按照相关图集要求进项图纸排版，尺寸标注、辅助线段和文字说明，采用统一标准格式，并满足现行国家标准《建筑制图标准》GB/T 50104 和《建筑结构制图标准》GB/T 50105；

（3）预制构件生产，应接力设计 BIM 模型，采用"BIM + MES + CAM"技术，实现工厂自动化钢筋生产、构件加工；应用二维码技术、RFID 芯片等可靠识别与管理技术，结构工厂生产管理系统，实现可追溯的全过程质量管控；

（4）应用"BIM + 物联网 + GPS"技术，进行装配式预制构件运输过程追溯管理、施工现场可视化指导堆放、吊装等，实现装配式建筑可视化施工现场信息管理平台。

4.9.3　适用范围

装配式剪力墙结构：预制混凝土剪力墙外墙板，预制混凝土剪力墙叠合板板，预制钢筋混凝土阳台板、空调板及女儿墙等构件的深化设计、生产、运输与吊装。

装配式框架结构：预制框架柱、预制框架梁、预制叠合板、预制外挂板等构件的深化设计、生产、运输与吊装。

异形构件的深化设计、生产、运输与吊装。异形构件分为结构形式异形构件和非结构形式异形构件，结构形式异形构件包括有坡屋面、阳台等；非结构形式异形构件有排水檐沟、建筑造型等。

4.9.4　工程案例

北京三星中心商业金融项目、五和万科长阳天地项目、合肥湖畔新城复建点项目、北京天竺万科中心项目、成都青白江大同集中安置房项目、清华苏世民书院项目、中建海峡（闽清）绿色建筑科技产业园综合楼项目、北京门头沟保障性自住商品房项目等工程均采用了装配式混凝土结构建筑信息模型应用技术。

4.10　预制构件工厂化生产加工技术

4.10.1　技术内容

预制构件工厂化生产加工技术，指采用自动化流水线、机组流水线、长线台座生产线生产标准定型预制构件并兼顾异型预制构件，采用固定台模线生产房屋建筑预制构件，满足预制构件的批量生产加工和集中供应要求的技术。

工厂化生产加工技术包括预制构件工厂规划设计、各类预制构件生产工艺设计、预制构件模具方案设计及其加工技术、钢筋制品机械化加工和成型技术、预制构件机械化成型技术、预制构件节能养护技术以及预制构件生产质量控制技术。

非预应力混凝土预制构件生产技术涵盖混凝土技术、钢筋技术、模具技术、预留预埋技术、浇筑成型技术、构件养护技术，以及吊运、存储和运输技术等，代表构件有桁架钢筋预制板、梁柱构件、剪力墙板构件等。预应力混凝土预制构件生产技术还涵盖先张法和后张有粘结预制构件的生产技术，除了建筑工程中使用的预应力圆孔板、双 T 板、屋面梁、屋架、屋面板等，还包括市政和公路领域的预制桥梁构件等，重点研究预应力生产工艺和质量控制技术。

4.10.2 技术指标

工厂化科学管理、自动化智能生产带来质量品质得到保证和提高；构件外观尺寸加工精度可达 ±2mm，混凝土强度标准差不大于 4.0MPa，预留预埋尺寸精度可达 ±1mm，保护层厚度控制偏差 ±3mm，通过预应力和伸长值偏差控制保证预应力构件起拱满足设计要求并处于同一水平，构件承载力满足设计和规范要求。

预制构件的几何加工精度控制、混凝土强度控制、预埋件的精度、构件承载力性能、保护层厚度控制、预应力构件的预应力要求等尚应符合设计（包括标准图集）及有关标准的规定。

预制构件生产的效率指标、成本指标、能耗指标、环境指标和安全指标，应满足有关要求。

4.10.3 适用范围

预制构建工厂化生产加工适用于建筑工程中各类钢筋混凝土和预应力混凝土预制构件。

4.10.4 工程案例

北京万科金域缇香预制墙板和叠合板，（北京）中粮万科长阳半岛预制墙板、楼梯、叠合板和阳台板、沈阳惠生保障房预制墙板、叠合板和楼梯，国家体育场（鸟巢）看台板，国家网球中心预制挂板，深圳大运会体育中心体育场看台板，杭州奥体中心体育游泳馆预制外挂墙板和铺地板，济南万科金域国际预制外挂墙板板和叠合楼板，（长春）一汽技术中心停车楼预制墙板和双 T 板，武汉琴台文化艺术中心预制清水混凝土外挂墙板，河北怀来迦南葡萄酒厂预制彩色混凝土外挂墙板，某供电局生产基地厂房预制柱、屋面板和吊车梁，市政公路用预制 T 梁和厢梁、预制管片、预制管廊等。

5 钢结构技术

5.1 高性能钢材应用技术

5.1.1 技术内容

选用高强度钢材（屈服强度 $R_{eL} \geqslant 390$Mpa），可减少钢材用量及加工量，节约资源，降低成本。为了提高结构的抗震性，要求钢材具有高的塑性变形能力，选用低屈服点钢材（屈服强度 $R_{eL} = 100 \sim 225$Mpa）。

国家标准《低合金高强度结构钢》GB/T 1591 中规定八个牌号，其中 Q390、Q420、Q460、Q500、Q550、Q620、Q690 属高强钢范围；《桥梁用结构钢》GB/T 714 有九个牌号，其中 Q420q、Q460q、Q500q、Q550q、Q620q、Q690q 属高强钢范围；《建筑结构用钢》GB/T 19879 有 Q390GJ、Q420GJ、Q460GJ 三个牌号属于高强钢范围；《耐候结构钢》GB/T 4171，有 Q415NH、Q460NH、Q500NH、Q550NH 属于高强钢范围；《建筑用低屈服强度钢板》GB/T 28905，有 LY100、LY160、LY225 属于低屈服强度钢范围。

5.1.2 技术指标

钢厂供货品种及规格：轧制钢板的厚度为 6 ～ 400mm，宽度为 1500 ～ 4800mm，长度为 6000 ～ 25000mm。有多种交货方式，包括：普通轧制态 AR、控制轧制态 CR、正火轧制态 NR、控轧控冷态 TMCP、正火态 N、正火加回火态 N + T、调质态 QT 等。

建筑结构用高强钢一般具有低碳、微合金、纯净化、细晶粒四个特点。使用高强度钢材时必须注意新钢种焊接性试验、焊接工艺评定、确定匹配的焊接材料和焊接工艺，编制焊接工艺规程。

建筑用低屈服强度钢中残余元素铜、铬、镍的含量应各不大于 0.30%。成品钢板的化学成分允许偏差应符合 GB/T 222 的规定。

5.1.3 适用范围

高层建筑、大型公共建筑、大型桥梁等结构用钢，其他承受较大荷载的钢结构工程，以及屈曲约束支撑产品均适用高性能钢材。

5.1.4 工程案例

国家体育场、国家游泳中心、昆明新机场、北京机场 T3 航站楼、深圳湾体育中心等大跨度钢结构工程；中央电视台新址、新保利大厦、广州新电视塔、法门寺合十舍利塔、深圳平安金融中心等超高层建筑工程；重庆朝天门大桥、港珠澳大桥等桥梁钢结构工程等均采用高性能钢材。

5.2 钢结构深化设计与物联网应用技术

5.2.1 技术内容

钢结构深化设计是以设计院的施工图、计算书及其他相关资料为依据，依托专业深化设计软件平台，建立三维实体模型，计算节点坐标定位调整值，并生成结构安装布置图、零构件图、报表清单等的过程。钢结构深化设计与 BIM 结合，实现了模型信息化共享，由传统的"放样出图"延伸到施工全过程。物联网技术是通过射频识别（RFID）、红外感应器等信息传感设备，按约定的协议，将物品与互联网相连接，进行信息交换和通讯，以实现智能化识别、定位、追踪、监控和管理的一种网络技术。在钢结构施工过程中应用物联网技术，改善了施工数据的采集、传递、存储、分析、使用等各个环节，将人员、材料、机器、产品等与施工管理、决策建立更为密切的关系，并可进一步将信息与 BIM 模型进行关联，提高施工效率、产品质量和企业创新能力，提升产品制造和企业管理的信息化管理水平。主要包括以下内容：

（1）深化设计阶段，需建立统一的产品（零件、构件等）编码体系，规范图纸深度，保证产品信息的唯一性和可追溯性。深化设计阶段主要使用专业的深化设计软件，在建模时，对软件应用和模型数据有以下几点要求：

1）统一软件平台：同一工程的钢结构深化设计应采用统一的软件及版本号，设计过程中不得更改；同一工程宜在同一设计模型中完成，若模型过大需要进行模型分割，分割数量不宜过多；

2）人员协同管理：钢结构深化设计多人协同作业时，明确职责分工，注意避免模型碰撞冲突，并需设置好稳定的软件联机网络环境，保证每个深化人员的深化设计软件运行顺畅；

3）软件基础数据配置：软件应用前需配置好基础数据，如：设定软件自动保存时间；使用统一的软件系统字体；设定统一的系统符号文件；设定统一的报表、图纸模板等；

4）模型构件唯一性：钢结构深化设计模型，要求一个零构件号只能对应一种零构件，当零构件的尺寸、重量、材质、切割类型等发生变化时，需赋予零构件新的编号，以避免零构件的模型信息冲突报错；

5）零件的截面类型匹配：深化设计模型中每种截面的材料指定唯一的截面类型，保证材料在软件内名称的唯一性。

6）模型材质匹配：深化设计模型中每个零件都有对应的材质，根据相关国家钢材标准指定统一的材质命名规则，深化设计人员在建模过程中需保证使用的钢材牌号与国家标准中的钢材牌号相同；

（2）施工过程阶段，需建立统一的施工要素（人、机、料、法、环等）编码体系，规范作业过程，保证施工要素信息的唯一性和可追溯性；

（3）搭建必要的网络、硬件环境，实现数控设备的联网管理，对设备运转情况进行监控，提高设备管理的工作效率和质量；

（4）将物联网技术收集的信息与 BIM 模型进行关联，不同岗位的工程人员可以从 BIM 模型中获取、更新与本岗位相关的信息，既能指导实际工作，又能将相应工作的成果更新到 BIM 模型中，使工程人员对钢结构施工信息做出正确理解和高效共享；

（5）打造扎实、可靠、全面、可行的物联网协同管理软件平台，对施工数据的采集、传递、存储、分析、使用等环节进行规范化管理，进一步挖掘数据价值，服务企业运营。

5.2.2 技术指标

钢结构深化设计与物联网应用主要技术指标：

（1）按照深化设计标准、要求等统一产品编码，采用专业软件开展深化设计工作；

（2）按照企业自身管理规章等要求统一施工要素编码；

（3）采用三维计算机辅助设计（CAD）、计算机辅助工艺规划（CAPP）、计算机辅助制造（CAM）、工艺路线仿真等工具和手段，提高数字化施工水平；

（4）充分利用工业以太网，建立企业资源计划管理系统（ERP）、制造执行系统（MES）、供应链管理系统（SCM）、客户管理系统（CRM）、仓储管理系统

（WMS）等信息化管理系统或相应功能模块，进行产品全生命期管理；

（5）钢结构制造过程中可搭建自动化、柔性化、智能化的生产线，通过工业通信网络实现系统、设备、零部件以及人员之间的信息互联互通和有效集成；

（6）基于物联网技术的应用，进一步建立信息与BIM模型有效整合的施工管理模式和协同工作机制，明确施工阶段各参与方的协同工作流程和成果提交内容，明确人员职责，制定管理制度。

5.2.3　适用范围

该技术适用于钢结构深化设计，钢结构工程制作、运输与安装。

5.2.4　工程案例

苏州体育中心、武汉中心、重庆来福士、深圳汉京、北京中国尊大厦等工程均采用了钢结构深化设计与物闻网应用技术。

5.3　钢结构智能测量技术

5.3.1　技术内容

钢结构智能测量技术是指在钢结构施工的不同阶段，采用基于全站仪、电子水准仪、GPS全球定位系统、北斗卫星定位系统、三维激光扫描仪、数字摄影测量、物联网、无线数据传输、多源信息融合等多种智能测量技术，解决特大型、异形、大跨径和超高层等钢结构工程中传统测量方法难以解决的测量速度、精度、变形等技术难题，实现对钢结构安装精度、质量与安全、工程进度的有效控制。主要包括以下内容：

（1）高精度三维测量控制网布设技术

采用GPS空间定位技术或北斗空间定位技术，利用同时智能型全站仪（具有双轴自动补偿、伺服马达、自动目标识别（ATR）功能和机载多测回测角程序）和高精度电子水准仪以及条码因瓦水准尺，按照现行国家标准《工程测量规范》GB 50026，建立多层级、高精度的三维测量控制网。

（2）钢结构地面拼装智能测量技术

使用智能型全站仪及配套测量设备，利用具有无线传输功能的自动测量系统，结合工业三坐标测量软件，实现空间复杂钢构件的实时、同步、快速地面拼装定位。

（3）钢结构精准空中智能化快速定位技术

采用带无线传输功能的自动测量机器人对空中钢结构安装进行实时跟踪定位，利用工业三坐标测量软件计算出相应控制点的空间坐标，并同对应的设计坐标相比较，及时纠偏、校正，实现钢结构快速精准安装。

（4）基于三维激光扫描的高精度钢结构质量检测及变形监测技术

采用三维激光扫描仪，获取安装后的钢结构空间点云，通过比较特征点、线、面的实测三维坐标与设计三维坐标的偏差值，从而实现钢结构安装质量的检测。该技术的优点是通过扫描数据点云可实现对构件的特征线、特征面进行分析比较，比传统检测技术更能全面反映构件的空间状态和拼装质量。

（5）基于数字近景摄影测量的高精度钢结构性能检测及变形监测技术

利用数字近景摄影测量技术对钢结构桥梁、大型钢结构进行精确测量，建立钢结构的真实三维模型，并同设计模型进行比较、验证，确保钢结构安装的空间位置准确。

（6）基于物联网和无线传输的变形监测技术

通过基于智能全站仪的自动化监测系统及无线传输技术，融合现场钢结构拼装施工过程中不同部位的温度、湿度、应力应变、GPS 数据等传感器信息，采用多源信息融合技术，及时汇总、分析、计算，全方位反映钢结构的施工状态和空间位置等信息，确保钢结构施工的精准性和安全性。

5.3.2　技术指标

（1）高精度三维控制网技术指标

相邻点平面相对点位中误差不超过 3mm，高程上相对高差中误差不超过 2mm；单点平面点位中误差不超过 5mm，高程中误差不超过 2mm。

（2）钢结构拼装空间定位技术指标

拼装完成的单体构件即吊装单元，主控轴线长度偏差不超过 3mm，各特征点监测值与设计值（X、Y、Z 坐标值）偏差不超过 10mm。具有球结点的钢构件，检测球心坐标值（X、Y、Z 坐标值）偏差不超过 3mm。构件就位后各端口坐标（X、Y、Z 坐标值）偏差均不超过 10mm，且接口（共面、共线）错台不超过 2mm。

（3）钢结构变形监测技术指标

所测量的三维坐标（X、Y、Z 坐标值）观测精度应达到允许变形值的 1/20 ~ 1/10。

5.3.3　适用范围

钢结构智能测量技术适用于大型复杂或特殊复杂、超高层、大跨度等钢结构施工过程中的构件验收、施工测量及变形观测等。

5.3.4　工程案例

大型体育建筑：国家体育场（"鸟巢"）、国家体育馆、水立方等。

大型交通建筑：首都机场 T3 航站楼、天津西站、北京南站、港珠澳大桥等。

大型文化建筑：国家大剧院、上海世博会世博轴、北京凤凰国际中心等。

5.4　钢结构虚拟预拼装技术

5.4.1　技术内容

（1）虚拟预拼装技术

采用三维设计软件，将钢结构分段构件控制点的实测三维坐标，在计算机中模拟拼装形成分段构件的轮廓模型，与深化设计的理论模型拟合比对，检查分析加工拼装精度，得到所需修改的调整信息。经过必要校正、修改与模拟拼装，直至满足精度要求。

（2）虚拟预拼装技术主要内容

1）根据设计图文资料和加工安装方案等技术文件，在构件分段与胎架设置等安装措施可保证自重受力变形不致影响安装精度的前提下，建立设计、制造、安装全部信息的拼装工艺三维几何模型，完全整合形成一致的输入文件，通过模型导出分段构件和相关零件的加工制作详图；

2）构件制作验收后，利用全站仪实测外轮廓控制点三维坐标；

① 设置相对于坐标原点的全站仪测站点坐标，仪器自动转换和显示位置点（棱镜点）在坐标系中的坐标；

② 设置仪器高和棱镜高，获得目标点的坐标值；

③ 设置已知点的方向角，照准棱镜测量，记录确认坐标数据；

3）计算机模拟拼装，形成实体构件的轮廓模型；

① 将全站仪与计算机连接，导出测得的控制点坐标数据，导入到 EXCEL 表格，换成 (x, y, z) 格式。收集构件的各控制点三维坐标数据、整理汇总；

② 选择复制全部数据，输入三维图形软件。以整体模型为基准，根据分段构件的特点，建立各自的坐标系，绘出分段构件的实测三维模型；

③ 根据制作安装工艺图的需要，模拟设置胎架及其标高和各控制点坐标；

④ 将分段构件的自身坐标转换为总体坐标后，模拟吊上胎架定位，检测各控制点的坐标值；

4）将理论模型导入三维图形软件，合理地插入实测整体预拼装坐标系；

5）采用拟合方法，将构件实测模拟拼装模型与拼装工艺图的理论模型比对，得到分段构件和端口的加工误差以及构件间的连接误差；

6）统计分析相关数据记录，对于不符规范允许公差和现场安装精度的分段构件或零件，修改校正后重新测量、拼装、比对，直至符合精度要求。

（3）虚拟预拼装的实体测量技术

1）无法一次性完成所有控制点测量时，可根据需要，设置多次转换测站点。转换测站点应保证所有测站点坐标在同一坐标系内；

2）现场测量地面难以保证绝对水平，每次转换测站点后，仪器高度可能会不一致，故设置仪器高度时应以周边某固定点高程作为参照；

3）同一构件上的控制点坐标值的测量应保证在同一人同一时段完成，保证测量准确和精度；

4）所有控制点均取构件外轮廓控制点，如遇到端部有坡口的构件，控制点取坡口的下端，且测量时用的反光片中心位置应对准构件控制点。

5.4.2 技术指标

预拼装模拟模型与理论模型比对取得的几何误差应满足《钢结构工程施工规范》GB 50755 和《钢结构工程施工质量验收规范》GB 50205 以及实际工程使用的特别需求。

无特别需求情况下，结构构件预拼装主要允许偏差：

预拼装单元总长　　　　　　±5.0mm

各楼层柱距　　　　　　　　±4.0mm

相邻楼层梁与梁之间距离　　±3.0mm

拱度（设计要求起拱）　　　±l/5000

各层间框架两对角线之差　　$H/2000$，且不应大于5.0mm

任意两对角线之差　　　　　$\sum H/2000$，且不应大于8.0mm

接口错边　　　　　　　　　2.0mm

节点处杆件轴线错位　　　　4.0mm

5.4.3 适用范围

钢结构虚拟预拼装技术适用于各类建筑钢结构工程，特别适用于大型钢结构工程及复杂钢结构工程的预拼装验收。

5.4.4　工程案例

天津宝龙国际中心、天津宝龙城市广场、深圳平安金融中心、北京中国尊大厦等工程均采用钢结构虚拟预拼装技术。

5.5　钢结构高效焊接技术

5.5.1　技术内容

当前钢结构制作安装施工中能有效提高焊接效率的技术有：（1）焊接机器人技术；（2）双（多）丝埋弧焊技术；（3）免清根焊接技术；（4）免开坡口熔透焊技术；（5）窄间隙焊接技术。

焊接机器人技术克服手工焊接受劳动强度、焊接速度等因素的制约，可结合双（多）丝、免清根、免开坡口等技术，实现大电流、高速、低热输入的连续焊接，大幅提高焊接效率；双（多）丝埋弧焊技术熔敷量大，热输入小，速度快，焊接效率及质量提升明显；免清根焊接技术通过采用陶瓷衬垫和优化坡口形式（如 U 形坡口），省略掉碳弧气刨工序，缩短焊接时长，减少焊缝熔敷量，同时可避免渗碳对板材力学性能的影响；免开坡口熔透焊技术采用单丝可实现 t≤12mm 板厚熔透焊接，采用双（多）丝可实现 t≤20mm 板厚熔透焊接，免除坡口加工工序；窄间隙焊接技术剖口窄小，焊丝熔敷填充量小，相比常规坡口角度焊缝可减少 1/2～2/3 的焊丝熔敷量，焊接效率提高明显，焊材成本降低明显，效率提高和能源节省的效益明显。

5.5.2　技术指标

焊接工艺参数须按《钢结构焊接规范》GB 50661 要求，满足焊接工艺评定试验要求；承载静荷载结构焊缝和需疲劳验算结构的焊缝，须按《钢结构焊接规范》GB 50661 分别进行焊缝外观质量检验和内部质量无损检测；焊缝超声波检测等级不低于 B 级，母材厚度超过100mm 应进行双面双侧检验。

5.5.3　适用范围

钢结构高效焊接适用于所有钢结构工厂制作、现场安装的焊接。

5.5.4　工程案例

国家体育中心、深圳平安金融中心、天津高银 117 大厦、天津周大福、南京金鹰商业广场等工程均使用了钢结构高效焊接技术。

5.6　钢结构滑移、顶（提）升施工技术

5.6.1　技术内容

滑移施工技术是在建筑物的一侧搭设一条施工平台，在建筑物两边或跨中铺设滑道，所有构件都在施工平台上组装，分条组装后用牵引设备向前牵引滑移（可用分条滑移或整体累积滑移）。结构整体安装完毕并滑移到位后，拆除滑道实现就位。滑移可分为结构直接滑移、结构和胎架一起滑移、胎架滑移等多种方式。牵引系统有卷扬机牵引、液压千斤顶牵引与顶推系统等。结构滑移设计时要对滑移工况进行受力性能验算，保证结构的杆件内力与变形符合规范和设计要求。

整体顶（提）升施工技术是一项成熟的钢结构与大型设备安装技术，它集机械、液压、计算机控制、传感器监测等技术于一体，解决了传统吊装工艺和大型起重机械在起重高度、起重重量、结构面积、作业场地等方面无法克服的难题。顶（提）升方案的确定，必须同时考虑承载结构（永久的或临时的）和被顶（提）升钢结构或设备本身的强度、刚度和稳定性。要进行施工状态下结构整体受力性能验算，并计算各顶（提）点的作用力，配备顶升或提升千斤顶。对于施工支架或下部结构及地基基础应验算承载能力与整体稳定性，保证在最不利工况下足够的安全性。施工时各作用点的不同步值应通过计算合理选取。

顶（提）升方式选择的原则，一是力求降低承载结构的高度，保证其稳定性，二是确保被顶（提）升钢结构或设备在顶（提）升中的稳定性和就位安全性。确定顶（提）升点的数量与位置的基本原则是：首先保证被顶（提）升钢结构或设备在顶（提）升过程中的稳定性；在确保安全和质量的前提下，尽量减少顶（提）升点数量；顶（提）升设备本身承载能力符合设计要求。顶（提）升设备选择的原则是：能满足顶（提）升中的受力要求，结构紧凑、坚固耐用、维修方便、满足功能需要（如行程、顶（提）升速度、安全保护等）。

5.6.2　技术指标

滑移牵引力计算，当钢与钢面滑动摩擦时，摩擦系数取 0.12~0.15；当滚

动摩擦时，滚动轴处摩擦系数取 0.1；当不锈钢与四氟聚乙烯板之间的滑靴摩擦时，摩擦系数取 0.08。

整体顶（提）升方案要作施工状态下结构整体受力性能验算，依据计算所得各顶（提）点的作用力配备千斤顶；提升用钢绞线安全系数：上拔式提升时，应大于 3.5；爬升式提升时，应大于 5.5。正式提升前的试提升需悬停静置 12 小时以上并测量结构变形情况；相邻两提升点位移高差不超过 2cm。

5.6.3　适用范围

滑移施工技术适用于大跨度网架结构、平面立体桁架（包括曲面桁架）及平面形式为矩形的钢结构屋盖的安装施工、特殊地理位置的钢结构桥梁。特别是由于现场条件的限制，吊车无法直接安装的结构。

整体顶（提）升施工技术适用于体育场馆、剧院、飞机库、钢连桥（廊）等具有地面拼装条件，又有较好的周边支承条件的大跨度屋盖钢结构；电视塔、超高层钢桅杆、天线、电站锅炉等超高构件；大型龙门起重机主梁、锅炉等大型设备等。

5.6.4　工程案例

昆明新机场航站楼，武汉火车站中央站房，北京华能大厦，天津嘉里中心酒店，哈尔滨万达茂滑雪乐园，成都双流国际机场 T2 航站楼等工程均采用了钢结构滑移施工技术。

鄂尔多斯东胜体育中心（2608t），海航美兰机场 2 号机库（2000t），西飞公司 369 号厂房（1967t），武汉国际博览中心洲际酒店（1500t），上海金虹桥国际中心（1700t），西藏会展中心（1250t），河南建设大厦（1440t），天津和平中心桅杆等工程均采用了钢结构整体顶升施工技术。

5.7　钢结构防腐防火技术

5.7.1　技术内容

（1）防腐涂料涂装

在涂装前，必须对钢构件表面进行除锈。除锈方法应符合设计要求或根据所用涂层类型的需要确定，并达到设计规定的除锈等级。常用的除锈方法有喷射除锈、抛射除锈、手工和动力工具除锈等。涂料的配置应按涂料使用说明书的规定执行，当天使用的涂料应当天配置，不得随意添加稀释剂。涂装施工可采用刷涂、滚涂、空气喷涂和高压无气喷涂等方法。宜在温度、湿度合适的封闭环境下，根据被涂物体的大小、涂料品种及设计要求，选择合适的涂装方法。构件在工厂加工涂装完毕，现场安装后，针对节点区域及损伤区域需进行二次涂装。

近年来，水性无机富锌漆凭借优良的防腐性能，外加耐光耐热好、使用寿命长等特点，常用于对环境和条件要求苛刻的钢结构领域。

（2）防火涂料涂装

防火涂料分为薄涂型和厚涂型两种，薄涂型防火涂料通过遇火灾后涂料受热材料膨胀延缓钢材升温，厚涂型防火涂料通过防火材料吸热延缓钢材升温，根据工程情况选取使用。

薄涂型防火涂料的底涂层（或主涂层）宜采用重力式喷枪喷涂，其压力约为 0.4MPa。局部修补和小面积施工，可用手工涂抹。面涂层装饰涂料可刷涂、喷涂或滚涂。双组分装薄涂型涂料，现场应按说明书规定调配；单组分薄涂型涂料应充分搅拌。喷涂后，不应发生流淌和下坠。

厚涂型防火涂料宜采用压送式喷涂机喷涂，空气压力为 0.4～0.6MPa，喷枪口直径宜为 6～10mm。配料时应严格按配合比加料和稀释剂，并使稠度适宜，当班使用的涂料应当班配制。厚涂型防火涂料施工时应分遍喷涂，每遍喷涂厚度宜为 5～10mm，必须在前一遍基本干燥或固化后，再喷涂下一遍，涂层保护方式、喷涂遍数与涂层厚度应根据施工方案确定。操作者应用测厚仪随时检测涂层厚度，80% 及以上面积的涂层总厚度应符合有关耐火极限的设计要求，且最薄处厚度不应低于设计要求的 85%。

钢结构防火涂层不应有误涂、漏涂，涂层应闭合，无脱层、空鼓、明显凹陷、粉化松散和浮浆等外观缺陷，乳突已剔出；保护裸露钢结构及露天钢结构的防火涂层的外观应平整，颜色装饰应符合设计要求。

5.7.2 技术指标

（1）防腐涂料涂装技术指标

防腐涂料中环境污染物的含量应符合《民用建筑工程室内环境污染控制规范》GB 50325 的规定和要求。涂装之前钢材表面除锈等级应符合设计要求，设计无要求时应符合《涂覆涂料前钢材表面处理表面清洁度的目视评定第 1 部分：未涂覆过的钢材表面和全面清除原有涂层后的钢材表面的锈蚀等级和处理等级》GB/T 8923.1 的规定评定等级。涂装施工环境的温度、湿度、基材温度要求，应根据产品使用说明确定，无明确要求的，宜按照环境温度 5～38℃，空气湿度小于85%，基材表面温度高于露点 3℃以上的要求控制，雨、雪、雾、大风等恶劣天气严禁户外涂装。涂装遍数、涂层厚度应符合设计要求，当设计对涂层厚度无要求时，涂层干漆膜总厚度：室外应为 $150\mu m$，室内应为 $125\mu m$，允许偏差为 $-25\mu m$。每遍涂层干膜厚度的允许偏差为 $-5\mu m$。

当钢结构处在有腐蚀介质或露天环境且设计有要求时，应进行涂层附着力测试，可按照现行国家标准《漆膜附着力测定法》GB 1720 或《色漆和清漆漆膜的划格试验》GB/T 9286 执行。在检测范围内，涂层完整程度达到 70% 以上即为合格。

（2）防火涂料涂装技术指标

钢结构防火材料的性能、涂层厚度及质量要求应符合现行国家标准《钢结构防火涂料通用技术条件》GB 14907 和《钢结构防火涂料应用技术规程》CECS 24 的规定和设计要求，防火材料中环境污染物的含量应符合现行国家标准《民用建筑工程室内环境污染控制规范》GB 50325 的规定和要求。

钢结构防火涂料生产厂家必须有防火监督部门核发的生产许可证。防火涂料应通过国家检测机构检测合格。产品必须具有国家检测机构的耐火极限检测报告和理化性能检测报告，并应附有涂料品种、名称、技术性能、制造批量、贮存期限和使用说明书。在施工前应复验防火涂料的黏结强度和抗压强度。防火涂料施工过程中和涂层干燥固化前，环境温度宜保持在 5～38℃，相对湿度不宜大于90%，空气应流通。当风速大于5m/s，或雨天和构件表面有结露时，不宜作业。

5.7.3 适用范围

钢结构防腐涂装技术适用于各类建筑钢结构。

薄涂型防火涂料涂装技术适用于工业、民用建筑楼盖与屋盖钢结构；厚涂型防火涂料涂装技术适用于有装饰面层的民用建筑钢结构柱、梁。

5.7.4 工程案例

钢结构防腐防火技术主要工程案例有：广州东塔、无锡国金、武汉中心、武汉机场 T3 航站楼、深圳平安金融中心、武汉国际博览中心等。

5.8 钢与混凝土组合结构应用技术

5.8.1 技术内容

型钢与混凝土组合结构主要包括钢管混凝土柱，十字型、H 型、箱型、组合型钢混凝土柱，钢管混凝土叠合柱，小管径薄壁（＜16mm）钢管混凝土柱，组合钢板剪力墙，型钢混凝土剪力墙，箱型、H 型钢骨梁，型钢组合梁等。钢管混凝土可显著减小柱的截面尺寸，提高承载力；型钢混凝土柱承载能力高，刚度大且抗震性能好；钢管混凝土叠合柱具有承载力高，抗震性能好同时也有较好的耐火性能和防腐蚀性能；小管径薄壁（＜16mm）钢管混凝土柱具有钢管混凝土柱的特点，同时还具有断面尺寸小、重量轻等特点；组合梁承载能力高且高跨比小。

钢管混凝土组合结构施工简便，梁柱节点采用内环板或外环板式，施工与普通钢结构一致，钢管内的混凝土可采用高抛免振捣混凝土，或顶升法施工钢管混凝土。关键技术是设计合理的梁柱节点与确保钢管内浇捣混凝土的密实性。

型钢混凝土组合结构除了钢结构优点外还具备混凝土结构的优点，同时结构具有良好的防火性能。关键技术是如何合理解决梁柱节点区钢筋的穿筋问题，以确保节点良好的受力性能与加快施工速度。

钢管混凝土叠合柱是钢管混凝土和型钢混凝土的组合形式，具备了钢管混凝土结构的优点，又具备了型钢混凝土结构的优点。关键技术是如何合理选择叠合柱与钢筋混凝土梁连接节点，保证传力简单、施工方便。

小管径薄壁（＜16mm）钢管混凝土柱具有钢管混凝土柱的优点，又具有断面小、自重轻等特点，适合于钢结构住宅的使用。关键技术是在处理梁柱节点时采用横隔板贯通构造，保证传力同时又方便施工。

组合钢板剪力墙、型钢混凝土剪力墙具有更好的抗震承载力和抗剪能力，提高了剪力墙的抗拉能力，可以较好地解决剪力墙墙肢在风与地震作用组合下出现受拉的问题。

钢混组合梁是在钢梁上部浇筑混凝土，形成混凝土受压、钢结构受拉的截面合理受力形式，充分发挥钢与混凝土各自的受力性能。组合梁施工时，钢梁可作为模板的支撑。组合梁设计时要确保钢梁与混凝土结合面的抗剪性能，又要充分考虑钢梁各工况下从施工到正常使用各阶段的受力性能。

5.8.2　技术指标

钢管混凝土构件的径厚比 D/t 宜为 20～135、套箍系数 θ 宜为 0.5～2.0、长径比不宜大于 20；矩形钢管混凝土受压构件的混凝土工作承担系数 αc 应控制在 0.1～0.7；型钢混凝土框架柱的受力型钢的含钢率宜为 4%～10%。

组合结构执行国家现行标准《型钢混凝土组合结构技术规程》JGJ 138、《钢管混凝土结构技术规范》GB 50936、《钢—混凝土组合结构施工规范》GB 50901、《钢管混凝土工程施工质量验收规范》GB 50628。

5.8.3　适用范围

钢管混凝土特别适用于高层、超高层建筑的柱及其它有重载承载力设计要求的柱；型钢混凝土适合于高层建筑外框柱及公共建筑的大柱网框架与大跨度梁设计；钢混组合梁适用于结构跨度较大而高跨比又有较高要求的楼盖结构；钢管混凝土叠合柱主要适用于高层、超高层建筑的柱及其它有承载力要求较高的柱；小管径薄壁钢管混凝土柱适用于多高层住宅。

5.8.4　工程案例

钢与混凝土组合结构应用技术主要工程案例有：北京中国尊大厦、天津高银117大厦、深圳平安金融中心、福建省厦门国际中心、重庆嘉陵帆影、郑州绿地中央广场、福州市东部新城商务办公中心区、杭州钱江世纪城人才专项用房。

5.9　索结构应用技术

5.9.1　技术内容

（1）索结构的设计

进行索结构设计时，需要首先确定索结构体系，包括结构的形状、布索方式、传力路径和支承位置等；其次采用非线性分析法进行找形分析，确定设计初始态，并通过施加预应力建立结构的强度与刚度，进行索结构在各种荷载工况下的极限承载能力设计与变形验算；然后进行索具节点、锚固节点设计；最后对支承位置及下部结构设计。

（2）索结构的施工和防护

索结构的预应力施工技术可分为分批张拉法和分级张拉法。分批张拉法是指：将不同的拉索进行分批，执行合适的分批张拉顺序，以有效的改善张拉施工过程中结构中的索力分布，保证张拉过程的安全性和经济性。分级张拉法是指：对于索力较大的结构，分多次张拉将拉索中的预应力施加到位，可以有效的调节张拉过程中结构内力的峰值。实际工程中通常将这两种张拉技术结合使用。

目前，索结构多采用定尺定长的制作工艺，一方面要求拉索具有较高的制作精度，另一方面对拉索施工过程中的夹持和锚固也提出了较高的要求。索结构的夹持构件和索头节点应具有高强度/抗变形的材料属性，并在安装过程中具有抗滑移和精确定位的能力。

索结构还需要采取可靠的防水、防腐蚀和防老化措施，同时钢索上应涂敷防火涂料以满足防火要求，应定期检查拉索在使用过程中是否松弛，并采用恰当的措施予以张紧。

5.9.2　技术指标

（1）拉索的技术指标

拉索采用高强度材料制作，作为主要受力构件，其索体的静载破断荷载一般不小于索体标准破断荷载的 95%，破断延伸率不小于 2%，拉索的的设计强度一般为 0.4 ~ 0.5 倍标准强度。当有疲劳要求时，拉索应按规定进行疲劳试验。此外不同用途的拉索还应分别满足国家现行标准《建筑工程用索》JG/T 330 和《桥梁缆索用热镀锌钢丝》GB/T 17101、《预应力混凝土用钢绞线》GB/T 5224、《重要用途钢丝绳》GB 8918 等相关标准。拉索采用的锚固装置应满足国家现行标准《预应力筋用锚具、夹具和连接器》GB/T 14370 及相关钢材料标准。

（2）设计技术指标

索结构的选型应根据使用要求和预应力分布特点，采用找形方法确定。不同的索结构具有不同的造型设计技术指标。一般情况下柔性索网结构的拉索垂度和跨度比值为 1/10 ~ 1/20，受拉内环和受压外环的直径比值约为 1/5 ~ 1/20，杂交索系结构的矢高和跨度比值约为 1/8 ~ 1/12。

（3）施工技术指标

索结构的张拉过程应满足现行行业标准《索结构技术规程》JGJ 257 要求。拉索的锚固端允许偏差为锚固长度的 1/3000 和 20mm 的较小值。张拉过程应通过有限元法进行施工过程全过程模拟，并根据模拟结果确定拉索的预应力损失量。各阶段张拉时应检查索力与结构的变形值。

5.9.3　适用范围

索结构可用于大跨度建筑工程的屋面结构、楼面结构等，可以单独用索形成结构，也可以与网架结构、桁架结构、钢结构或混凝土结构组合形成杂交结构，以实现大跨度，并提高结构、构件的性能，降低造价。该技术还可广泛用于各类大跨度桥梁结构和特种工程结构。

5.9.4　工程案例

宝安体育场、苏州体育中心体育馆和游泳馆（在建）、青岛北客站、济南奥体中心体育馆、常州体育中心、北京工业大学羽毛球馆等工程均采用索结构应用技术。

5.10 钢结构住宅应用技术

5.10.1 技术内容

钢结构住宅建筑设计应以集成化住宅建筑为目标,应按模数协调的原则实现构配件标准化、设备产品定型化。采用钢结构作为住宅的主要承重结构体系,对于低密度住宅宜采用冷弯薄壁型钢结构体系为主,墙体为墙柱加石膏板,楼盖为 C 型格栅加轻板;对于多、高层住宅结构体系可选用钢框架、框架支撑(墙板)、筒体结构、钢框架—钢混组合等体系,楼盖结构宜采用钢筋桁架楼承楼板、现浇钢筋混凝土结构以及装配整体式楼板,墙体为预制轻质板或轻质砌块。目前钢结构住宅的主要发展方向有可适用于多层的采用带钢板剪力墙或与普钢混合的轻钢结构;可适用于低、多层的基于方钢管混凝土组合异形柱和外肋环板节点为主的钢框架体系;可适用于高层以钢框架与混凝土筒体组合构成的混合结构或以带钢支撑的框架结构;以及适用于高层的基于方钢管混凝土组合异形柱和外肋环板节点为主的框架—支撑和框架—核心筒体系以及钢管束组合剪力墙结构体系。

轻型钢结构住宅的钢构件宜选用热轧 H 型钢、高频焊接或普通焊接的 H 型钢、冷轧或热轧成型的钢管、钢异形柱等;多高层钢结构住宅结构柱材料可采用纯钢柱或钢管混凝土柱等,柱截面形状可采用矩形、圆形、L 形等;外墙体可为砂加气板、灌浆料墙板或蒸压加气混凝土砌块,内墙体可选用轻钢龙骨石膏板等板材,楼板可为钢筋桁架楼承板、叠合板或现浇板。

除常见的装配化钢结构住宅结构体系之外,模块钢结构建筑开始发展。模块建筑是将传统房屋以单个房间或一定的三维建筑空间进行模块单元划分,每个单元都在工厂预制且精装修,单元运输到工地整体连接而成的一种新型建筑形式。根据结构形式的不同可分为:全模块建筑结构体系以及复合模块建筑结构体系,复合模块建筑结构体系又可分为:模块单元与传统框架结构复合体系、模块单元与板体结构复合体系、外骨架(巨型框架)模块建筑结构体系、模块单元与剪力墙或核心筒复合结构体系;模块外围护墙板可选用加气混凝土板、薄板钢骨复合轻质外墙、轻集料混凝土与岩棉板复合墙板;模块底板可采用钢筋混凝土结构底板、轻型结构底板;顶板可为双面钢板夹芯板。

钢结构住宅建设要以产业化为目标做好墙板的配套工作,以试点工程为基础做好钢结构住宅的推广工作。

5.10.2　技术指标

钢结构住宅结构设计应符合工厂生产、现场装配的工业化生产要求，构件及节点设计宜标准化、通用化、系列化，在结构设计中应合理确定建筑结构体的装配率。

钢材性能应符合现行国家标准《钢结构设计规范》GB 50017 和《建筑抗震设计规范》GB 50009 的规定，可优先选用高性能钢材。

钢结构住宅应遵循现行国家标准《装配式钢结构建筑技术标准》GB/T 51232 进行设计，按现行国家标准《建筑工程抗震设防分类标准》GB 50223 的规定确定其抗震设防类别，并应按现行国家标准《建筑抗震设计规范》GB 50011 进行抗震设计。结构高度大于 80m 的建筑宜验算风荷载的舒适性。

钢结构住宅的防火等级应按现行国家标准《建筑设计防火规范》GB 50016 确定，防火材料宜优先选用防火板，板厚应根据耐火时限和防火板产品标准确定，承重的钢构件耐火时限应满足相关要求。

5.10.3　适用范围

冷弯薄壁型钢以及轻型钢框架为结构的轻型钢结构可适用于低、多层（6层，24m 以下）住宅的建设。多高层装配式钢结构住宅体系最大适用高度应符合现行国家标准《装配式钢结构建筑技术标准》GB/T 51232 的规定，主要参照值见表 5.10。

表 5.10　多高层装配式钢结构适用的最大高度（m）

结构体系	6 度	7 度		8 度		9 度
	(0.05g)	(0.10g)	(0.15g)	(0.20g)	(0.30g)	(0.40g)
钢框架结构	110	110	90	90	70	50
钢框架—偏心支撑结构	220	220	200	180	150	120
钢框架—偏心支撑结构 钢框架—屈曲约束支撑结构 钢框架—延性墙板结构	240	240	220	200	180	160
筒体（框筒、筒中筒、桁架筒、束筒）结构巨型结构	300	300	280	260	240	180
交错桁架结构	90	60	60	40	40	—

对于钢结构模块建筑，1~3 层模块建筑宜采用全模块结构体系，模块单元可采用集装箱模块，连接节点可选用集装箱角件连接；3~6 层可采用全模块结

构体系，单元连接可采用梁梁连接技术；6~9 层的模块建筑单元间可采用预应力模块连接技术，9 层以上需要采用模块单元与剪力墙或核心筒相结合的结构体系。

钢结构住宅建设要以产业化为目标做好墙板的配套工作，以试点工程为基础做好钢结构住宅的推广工作。

5.10.4　工程案例

钢结构住宅工程案例要有：包头万郡-大都城住宅小区、汶川县映秀镇渔子溪村重建工程、沧州福康家园公共租赁住房住宅项目、镇江港南路公租房项目、天津静海子牙白领公寓项目等。

6 机电安装工程技术

6.1 基于 BIM 的管线综合技术

6.1.1 技术内容

（1）技术特点

随着 BIM 技术的普及，其在机电管线综合技术应用方面的优势比较突出。丰富的模型信息库、与多种软件方便的数据交换接口，成熟、便捷的的可视化应用软件等，比传统的管线综合技术有了较大的提升。

（2）深化设计及设计优化

机电工程施工中，许多工程的设计图纸由于诸多原因，设计深度往往满足不了施工的需要，施工前尚需进行深化设计。机电系统各种管线错综复杂，管路走向密集交错，若在施工中发生碰撞情况，则会出现拆除返工现象，甚至会导致设计方案的重新修改，不仅浪费材料、延误工期，还会增加项目成本。基于 BIM 技术的管线综合技术可将建筑、结构、机电等专业模型整合，可很方便地进行深化设计，再根据建筑专业要求及净高要求将综合模型导入相关软件进行机电专业和建筑、结构专业的碰撞检查，根据碰撞报告结果对管线进行调整、避让建筑结构。机电本专业的碰撞检测，是在根据"机电管线排布方案"建模的基础上对设备和管线进行综合布置并调整，从而在工程开始施工前发现问题，通过深化设计及设计优化，使问题在施工前得以解决。

（3）多专业施工工序协调

暖通、给排水、消防、强弱电等各专业由于受施工现场、专业协调、技术差异等因素的影响，不可避免地存在很多局部的、隐性的专业交叉问题，各专业在建筑某些平面、立面位置上产生交叉、重叠，无法按施工图作业或施工顺序倒置，造成返工，这些问题有些是无法通过经验判断来及时发现并解决的。通过 BIM 技术的可视化、参数化、智能化特性，进行多专业碰撞检查、净高控制检查和精确预留预埋，或者利用基于 BIM 技术的 4D 施工管理，对施工工序过程进行模拟，对各专业进行事先协调，可以很容易地发现和解决碰撞点，减少

106

因不同专业沟通不畅而产生技术错误，大大减少返工，节约施工成本。

（4）施工模拟

利用 BIM 施工模拟技术，使得复杂的机电施工过程，变得简单、可视、易懂。

BIM4D 虚拟建造形象直观、动态模拟施工阶段过程和重要环节施工工艺，将多种施工及工艺方案的可实施性进行比较，为最终方案优选决策提供支持。采用动态跟踪可视化施工组织设计（4D 虚拟建造）的实施情况，对于设备、材料到货情况进行预警，同时通过进度管理，将现场实际进度完成情况反馈回"BIM 信息模型管理系统"中，与计划进行对比、分析及纠偏，实现施工进度控制管理。

形象直观、动态模拟施工阶段过程和重要环节施工工艺，将多种施工及工艺方案的可实施性进行比较，为最终方案优选决策提供支持。基于 BIM 技术对施工进度可实现精确计划、跟踪和控制，动态地分配各种施工资源和场地，实时跟踪工程项目的实际进度，并通过计划进度与实际进度进行比较，及时分析偏差对工期的影响程度以及产生的原因，采取有效措施，实现对项目进度的控制。

（5）BIM 综合管线的实施流程

设计交底及图纸会审→了解合同技术要求、征询业主意见→确定 BIM 深化设计内容及深度→制订 BIM 出图细则和出图标准、各专业管线优化原则→制订 BIM 详细的深化设计图纸送审及出图计划→机电初步 BIM 深化设计图提交→机电初步 BIM 深化设计图总包审核、协调、修改→图纸送监理、业主审核→机电综合管线平剖面图、机电预留预埋图、设备基础图、顶棚综合平面图绘制→图纸送监理、业主审核→BIM 深化设计交底→现场施工→竣工图制作。

6.1.2 技术指标

综合管线布置与施工技术应符合国家现行标准《建筑给水排水设计规范》GB 50015、《采暖通风与空气调节设计规范》GB 50019、《民用建筑电气设计规范》JGJ 16、《建筑通风和排烟系统用防火阀门》GB 15930、《自动喷水灭火系统设计规范》GB 50084、《建筑给水及采暖工程施工质量验收规范》GB 50242、《通风与空调工程施工质量验收规范》GB 50243、《电气装置安装工程低压电器施工及验收规范》GB 50254、《给水排水管道工程施工及验收规范》GB 50268、《智能建筑工程施工规范》GB 50606、《消防给水及消火栓系统技术规范》GB 50974、《综合布线工程设计规范》GB 50311 的规定。

6.1.3　适用范围

基于 BIM 的管线综合技术适用于工业与民用建筑工程、城市轨道交通工程、电站等所有在建及扩建项目。

6.1.4　工程案例

深圳湾科技生态园 1、4、5 栋、广州地铁六号线如意坊站、深圳地铁 9 号线银湖站等机电安装工程都采用了基于 BIM 的管线综合技术。

6.2　导线连接器应用技术

6.2.1　技术内容

（1）技术特点

导线连接器是通过螺纹、弹簧片以及螺旋钢丝等机械方式，对导线施加稳定可靠的接触力。按结构分可分为：螺纹型连接器、无螺纹型连接器（包括：通用型和推线式两种结构）和扭接式连接器，其工艺特点见表 6.2，能确保导线连接所必须的电气连续、机械强度、保护措施以及检测维护 4 项基本要求。

表 6.2　符合 GB 13140 系列标准的导线连接器产品特点说明

连接器类型 比较项目	无螺纹型		扭接式	螺纹型
	通用型	推线式		
连接原理图例				
制造标准代号	GB 13140.3		GB 13140.5	GB 13140.2
连接硬导线（实心或绞合）	适用		适用	适用
连接未经处理的软导线	适用	不适用	适用	适用
连接焊锡处理的软导线	适用	适用	适用	不适用
连接器是否参与导电	参与		不参与	参与/不参与
IP 防护等级	IP20		IP20 或 IP55	IP20
安装工具	徒手或使用辅助工具		徒手或使用辅助工具	普通螺丝刀
是否重复使用	是		是	是

（2）施工工艺

1）安全可靠：长期实践已证明导线连接器工艺的安全性与可靠性；

2）高效：由于不借助特殊工具、可完全徒手操作，使安装过程快捷，平均每个电气连接耗时仅10s，为传统焊锡工艺的1/30，节省人工和安装费用；

3）可完全代替传统锡焊工艺，不再使用焊锡、焊料、加热设备，消除了虚焊与假焊，导线绝缘层不再受焊接高温影响，避免了高举熔融焊锡操作的危险，接点质量一致性好，没有焊接烟气造成的工作场所环境污染。

（3）主要施工方法：

1）根据被连接导线的截面积、导线根数、软硬程度，选择正确的导线连接器型号；

2）根据连接器型号所要求的剥线长度，剥除导线绝缘层；

3）按图6.2-1所示，安装或拆卸无螺纹型导线连接器；

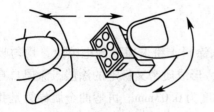 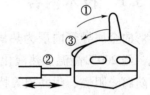

图6.2-1　A 推线式连接器的导线安装　　图6.2-1　B 通用型连接器的导线安装
　　　　　或拆卸示意图　　　　　　　　　　　　　　或拆卸示意图

4）按图6.2-2所示，安装或拆卸扭接式导线连接器；

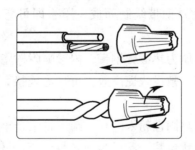

图6.2-2　扭接式连接器的安装示意图

6.2.2　技术指标

导线连接器的技术指标应符合《建筑电气工程施工质量验收规范》GB 50303、《建筑电气细导线连接器应用技术规程》CECS 421、《低压电气装置》（第5部分：电气设备的选择和安装第52章布线系统）GB 16895.6、《家用及类似用途低压电路用的连接器件》GB 13140 的规定。

6.2.3 适用范围

导线连接器适用于额定电压交流 1kV 及以下和直流 1.5kV 及以下建筑电气细导线（6mm^2 及以下的铜导线）的连接。

6.2.4 工程案例

导线连接器广泛应用于各类电气安装工程中。

6.3 可弯曲金属导管安装技术

6.3.1 技术内容

可弯曲金属导管内层为热固性粉末涂料，粉末通过静电喷涂，均匀吸附在钢带上，经 200℃ 高温加热液化再固化，形成质密又稳定的涂层，涂层自身具有绝缘、防腐、阻燃、耐磨损等特性，厚度为 0.03mm。可弯曲金属导管是我国建筑材料行业新一代电线电缆外保护材料，已被编入设计、施工与验收规范，大量应用于建筑电气工程的强电、弱电、消防系统，明敷和暗敷场所，逐步成为一种较理想的电线电缆外保护材料。

（1）技术特点

1）可弯曲度好：优质钢带绕制而成，用手即可弯曲定型，减少机械操作工艺；

2）耐腐蚀性强：材质为热镀锌钢带，内壁喷附树脂层，双重防腐；

3）使用方便：裁剪、敷设快捷高效，可任意连接，管口及管材内壁平整光滑，无毛刺；

4）内层绝缘：采用热固性粉末涂料，与钢带结合牢固且内壁绝缘；

5）搬运方便：圆盘状包装，质量为同米数传统管材的 1/3，搬运方便；

6）机械性能：双扣螺旋结构，异形截面，抗压、抗拉伸性能达到《电缆管理用导管系统第 1 部分：通用要求》GB/T 2004 1.1 的分类代码 4 重型标准。

（2）施工工艺

可弯曲金属导管基本型采用双扣螺旋结构、内层静电喷涂技术，防水型和阻燃型在基本型的基础上包覆防水、阻燃护套。使用时徒手施以适当的力即可将可弯曲金属导管弯曲到需要的程度，连接附件使用简单工具即可将导管等可靠连接。

1）明配的可弯曲金属导管固定点间距应均匀，管卡于设备、器具、弯头中点、管端等边缘的距离应小于 0.3m；

2）暗配的可弯曲金属导管，应敷设在两层钢筋之间，并与钢筋绑扎牢固。管子绑扎点间距不宜大于 0.5m，绑扎点距盒（箱）不应大于 0.3m。

6.3.2 技术指标

（1）主要性能

1）电气性能：导管两点间过渡电阻小于 0.05Ω 标准值；

2）抗压性能：1250N 压力下扁平率小于 25%，可达到《电缆管理用导管系统第 1 部分：通用要求》GB/T 2004 1.1 分类代码 4 重型标准要求；

3）拉伸性能：1000N 拉伸荷重下，重叠处不开口（或保护层无破损），可达到《电缆管理用导管系统第 1 部分：通用要求》GB/T 2004 1.1 分类代码 4 重型标准要求；

4）耐腐蚀性：浸没在 1.186kg/L 的硫酸铜溶液，可达到《电缆管理用导管系统第 1 部分：通用要求》GB/T 2004 1.1 的分类代码 4 内外均高标准要求；

5）绝缘性能：导管内壁绝缘电阻值，不低于 $50M\Omega$。

（2）技术规范/标准

可弯曲金属导管的技术指标应符合《可挠金属电线保护套管》JG/T 3053、《电缆管理用导管系统第 1 部分：通用要求》GB/T 2004 1.1、《电缆管理用导管系统第 22 部分：可弯曲导管系统的特殊要求》GB 2004 1.22、《可挠金属电线保护管配线工程技术规范》CECS 87、《民用建筑电气设计规范》JGJ 16、《1KV 及以下配线工程施工与验收规范》GB 50575、《低压配电设计规范》GB 50054、《火灾自动报警系统》GB 50116 和《建筑电气工程施工质量验收规范》GB 50303 的规定。

6.3.3 适用范围

可弯曲金属导管适用于建筑物室内外电气工程的强电、弱电、消防等系统的明敷和暗敷场所的电气配管及作为导线、电缆末端与电气设备、槽盒、托盘、梯架、器具等连接的电气配管。

6.3.4 工程案例

沈阳桃仙机场 T3 航站楼、杭州高德置地（七星级酒店）、北京 CBD（阳光保险金融中心、韩国三星总部大楼）、北京丽泽商务区（中国铁物大厦、中国通用大厦）等机电安装工程均使用了可弯曲金属导管。

6.4 工业化成品支吊架技术

6.4.1 技术内容

装配式成品支吊架由管道连接的管夹构件、建筑结构连接的锚固件以及将这两种结构件连接起来的承载构件、减震（振）构件、绝热构件以及辅助安装件构成。该技术满足不同规格的风管、桥架、工艺管道的应用，特别是在错综复杂的管路定位和狭小管井、吊顶施工，更可发挥灵活组合技术的优越性。近年来，在机场、大型工业厂房等领域已开始应用复合式支吊架技术，可以相对有效地化解管线集中安装与空间紧张的矛盾。复合式管线支吊架系统具有吊杆不重复、与结构连接点少、空间节约、后期管线维护简单、扩容方便、整体质量及观感好等特点。特别是《建筑机电抗震设计规范》GB 50981 的实施，采用成品的抗震支吊架系统成为必选。

（1）技术特点

根据 BIM 模型确认的机电管线排布，通过数据库快速导出支吊架型式，从供应商的产品手册中选择相应的成品支吊架组件，或经过强度计算，根据结果进行支吊架型材选型，设计，工厂制作装配式组合支吊架，在施工现场仅需简单机械化拼装即可成型，减少现场测量、制作工序，降低材料损耗率和安全隐患，实现施工现场绿色、节能。

主要技术先进性在于：

1）标准化：产品由一系列标准化构件组成，所有构件均采用成品，或由工厂采用标准化生产工艺，在全程、严格的质量管理体系下批量生产，产品质量稳定，且具有通用性和互换性；

2）简易安装：一般只需 2 人即可进行安装，技术要求不高，安装操作简易、高效，明显降低劳动强度；

3）施工安全：施工现场无电焊作业产生的火花，从而消灭了施工过程中的火灾事故隐患；

4）节约能源：由于主材选用的是符合国际标准的轻型 C 型钢，在确保其承载能力的前提下，所用的 C 型钢质量相对于传统支吊架所用的槽钢、角钢等材料可减轻 15% ~ 20%，明显减少了钢材使用量，从而节约了能源消耗；

5）节约成本：由于采用标准件装配，可减少安装施工人员；现场无需电焊机、钻床、氧气乙炔装置等施工设备投入，能有效节约施工成本；

6）保护环境：无需现场焊接、无需现场刷油漆等作业，因而不会产生弧光、烟雾、异味等多重污染；

7）坚固耐用：经专业的技术选型和机械力学计算，且考虑足够的安全系数，确保其承载能力的安全可靠；

8）安装效果美观：安装过程中，由专业公司提供全程、优质的服务，确保精致、简约的外观效果。

（2）施工工艺

1）吊架和支架安装应保持垂直，整齐牢固，无歪斜现象；

2）支吊架安装要根据管子位置，找平、找正、找标高，生根要牢固，与管子接合要稳固；

3）吊架要按施工图锚固于主体结构，要求拉杆无弯曲变形，螺纹完整且与螺母配合良好牢固；

4）在混凝土基础上，用膨胀螺栓固定支吊架时，膨胀螺栓的打入必须达到规定的深度，特殊情况需做拉拔试验；

5）管道的固定支架应严格按照设计图纸安装；

6）导向支架和滑动支架的滑动面应洁净、平整，滚珠、滚轴、托滚等活动零件与其支撑件应接触良好，以保证管道能自由膨胀；

7）所有活动支架的活动部件均应裸露，不应被保温层覆盖；

8）有热位移的管道，在受热膨胀时，应及时对支吊架进行检查与调整；

9）恒作用力支吊架应按设计要求进行安装调整；

10）支架装配时应先整型后，再上锁紧螺栓；

11）支吊架调整后，各连接件的螺杆丝扣必须带满，锁紧螺母应锁紧，防止松动；

12）支架间距应按设计要求正确装设；

13）支吊架安装应与管道的安装同步进行；

14）支吊架安装施工完毕后应将支架擦拭干净，所有暴露的槽钢端均需装上封盖。

6.4.2 技术指标

工业化成品支吊架应符合国家建筑标准设计图集《室内管道支架和吊架》

03S402、《金属、非金属风管支吊架》08K132、《电缆桥架安装》04D701－3、《装配式室内管道支吊架的选用与安装》16CK208（参考图集）的规定。

其他应符合《管道支吊架》GB/T 17116、《建筑机电抗震设计规范》GB 50981 的相关要求。

6.4.3　适用范围

工业化成品支吊架适用于工业与民用建筑工程中多种管线在狭小空间场所布置的支吊架安装，特别适用于建筑工程的走道、地下室及走廊等管线集中的部位、综合管廊建设的管道、电气桥架管线、风管等支吊架的安装。

6.4.4　工程案例

雁栖湖国际会都（核心岛）会议中心、中国尊、上海国际金融中心、上海中心大厦、青岛国际贸易中心、苏州市花桥月亮湾地下管廊、上海光源、西安咸阳机场二期、国家会展中心（上海）、华晨宝马沈阳工厂等机电安装工程都采用了工业化成品支吊架技术。

6.5　机电管线及设备工厂化预制技术

6.5.1　技术内容

工厂模块化预制技术是将建筑给排水、采暖、电气、智能化、通风与空调工程等领域的建筑机电产品按照模块化、集成化的思想，从设计、生产到安装和调试深度结合集成，通过这种模块化及集成技术对机电产品进行规模化的预加工，工厂化流水线制作生产，从而实现建筑机电安装标准化、产品模块化及集成化。利用这种技术，不仅能提高生产效率和质量水平，降低建筑机电工程建造成本，还能减少现场施工工程量、缩短工期、减少污染、实现建筑机电安装全过程绿色施工。

（1）管道工厂化预制施工技术：采用软件硬件一体化技术，详图设计采用"管道预制设计系统"软件，实现管道单线图和管段图的快速绘制；预制管道采用"管道预制安装管理系统"软件，实现预制全过程、全方位的信息管理。采用机械坡口、自动焊接，并使用厂内物流系统整个预制过程形成流水线作业，提高了工作效率。可采用移动工作站预制技术，运用自动切割、坡口、滚槽、焊接机械和辅助工装，快速组装形成预制工作站，在施工现场建立作业流水线，进行管道加工和焊接预制；

（2）对于机房机电设施采用标准的模块化设计，使泵组、冷水机组等设备形成自成支撑体系的、便于运输安装的单元模块。采用模块化制作技术和施工方法，改变了传统施工现场放样、加工焊接连接作业的方法；

（3）将大型机电设备拆分成若干单元模块制作，在工厂车间进行预拼装、现场分段组装；

（4）对厨房、卫生间排水管道进行同层模块化设计，形成一套排水节水装置，以便于实现建筑排水系统工厂化加工、批量性生产以及快速安装；同时有效解决厨房、卫生间排水管道漏水、出现异味等问题；

（5）主要工艺流程：研究图纸→BIM分解优化→放样、下料、预制→预拼装→防腐→现场分段组对→安装就位。

6.5.2　技术指标

机电管线及设备工厂化预制主要技术指标如下：

（1）将建筑机电产品现场制作安装工作前移，实现工厂加工与现场施工平行作业，减少施工现场时间和空间的占用；

（2）模块适用尺寸：公路运输控制在 3100mm × 3800mm × 18000mm 以内；船运控制在尺寸 6000mm × 5000mm × 50000mm 以内。若模块在港口附近安装，无运输障碍，模块尺寸可根据具体实际情况进一步加大；

（3）模块重量要求：公路运输一般控制在 40t 以内，模块重量也应根据施工现场起重设备的具体实际情况有所调整。

6.5.3　适用范围

机电管线及设备工厂化预制技术适用于大、中型民用建筑工程、工业工程、石油化工工程的设备、管道、电气安装，尤其适用于高层的办公楼、酒店、住宅。

6.5.4　工程案例

上海环球金融中心、上海国际博览中心、华润深圳湾国际商业中心、青岛丽东化工有限公司芳烃装置、神华煤直接液化装置、河北海伟石化50万/t年丙烷脱氢装置、上海东方体育中心、中山医院、南京雨润大厦、天津北洋园等机电安装工程均采用机电管线及设备工厂化预制技术。

6.6 薄壁金属管道新型连接安装施工技术

6.6.1 技术内容

（1）铜管机械密封式连接

1）卡套式连接：是一种较为简便的施工方式，操作简单，掌握方便，是施工中常见的连接方式，连接时只要管子切口的端面能与管子轴线保持垂直，并将切口处毛刺清理干净，管件装配时卡环的位置正确，并将螺母旋紧，就能实现铜管的严密连接，主要适用于管径 50mm 以下的半硬铜管的连接。

2）插接式连接：一种最简便的施工方法，只要将切口的端面能与管子轴线保持垂直并去除毛刺的管子，用力插入管件到底即可，此种连接方法是靠专用管件中的不锈钢夹固圈将钢壁禁锢在管件内，利用管件内与铜管外壁紧密配合的 O 形橡胶圈来实施密封的，主要适用于管径 25mm 以下的铜管的连接。

3）压接式连接：一种较为先进的施工方式，操作也较简单，但需配备专用的且规格齐全的压接机械。连接时管子的切口端面与管子轴线保持垂直，并去除管子的毛刺，然后将管子插入管件到底，再用压接机械将铜管与管件压接成一体。此种连接方法是利用管件凸缘内的橡胶圈来实施密封的，主要适用于管径 50mm 以下的铜管的连接。

（2）薄壁不锈钢管机械密封式连接

1）卡压式连接：配管插入管件承口（承口 U 形槽内带有橡胶密封圈）后，用专用卡压工具压紧管口形成六角形而起密封和紧固作用的连接方式。

2）卡凸式螺母型连接：以专用扩管工具在薄壁不锈钢管端的适当位置，由内壁向外（径向）辊压使管子形成一道凸缘环，然后将带锥台形三元乙丙密封圈的管插进带有承插口的管件中，拧紧锁紧螺母时，靠凸缘环推进压缩三元乙丙密封圈而起密封作用。

3）环压式连接：环压连接是一种永久性机械连接，首先将套好密封圈的管材插入管件内，然后使用专用工具对管件与管材的连接部位施加足够大的径向压力使管件、管材发生形变，并使管件密封部位形成一个封闭的密封腔，然后再进一步压缩密封腔的容积，使密封材料充分填充整个密封腔，从而实现密封，同时将关键嵌入管材使管材与管件牢固连接。

6.6.2　技术指标

薄壁金属管道新型连接安装施工技术应按设计要求的标准执行，无设计要求时，按《建筑给水排水及采暖工程施工质量验收规范》GB 50242、《建筑铜管管道工程连接技术规程》CECS 228 和《薄壁不锈钢管道技术规范》GB/T 29038执行。

6.6.3　适用范围

薄壁金属管道新型连接安装施工技术适用于给水、热水、饮用水、燃气等管道的安装。

6.6.4　工程案例

应用薄壁不锈钢管较典型的工程有：北京人民大会堂冷热水、财政部办公楼直饮水、上海世博会中国馆、北京广安贵都大酒店（五星）、广州白云宾馆、广州亚运城、杭州千岛湖别墅等机电安装工程。

应薄壁铜管较典型的工程有：烟台世茂 T1 酒店、天津世茂酒店、沈阳世茂T6 酒店等机电安装工程。

6.7　内保温金属风管施工技术

6.7.1　技术内容

（1）技术特点

内保温金属风管是在传统镀锌薄钢板法兰风管制作过程中，在风管内壁粘贴保温棉，风管口径为粘贴保温棉后的内径，并且可通过数控流水线实现全自动生产。该技术的运用，省去了风管现场保温施工工序，有效提高现场风管安装效率，且风管采用全自动生产流水线加工，产品质量可控。

（2）施工工艺

相对普通薄钢板法兰风管的制作流程，在风管咬口制作和法兰成型后，为贴附内保温材料，多了喷胶、贴棉和打钉三个步骤，然后进行板材的折弯和合缝，其他步骤两者完全相同。这三个工序被整合到了整套流水线中，生产效率几乎与薄钢板法兰风管相当。为防止保温棉被吹散，要求金属风管内壁涂胶满布率 90% 以上，管内气流速度不得超过 20.3m/s。此外，内保温金属风管还有以下施工要点，见表 6.7。

表 6.7　内保温金属风管的施工要点

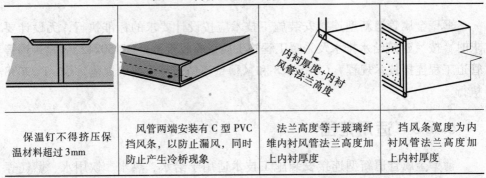

保温钉不得挤压保温材料超过 3mm	风管两端安装有 C 型 PVC 挡风条，以防止漏风，同时防止产生冷桥现象	法兰高度等于玻璃纤维内衬风管法兰高度加上内衬厚度	挡风条宽度为内衬风管法兰高度加上内衬厚度

1）在安装内衬风管之前，首先要检查风管内衬的涂层是否存在破损，有无受到污染等，若发现以上情况需进行修补或者直接更换一节完好的风管进行安装；

2）内衬风管的安装与薄钢板法兰风管安装工艺基本一致，先安装风管支吊架，风管支吊架间距按相关规定执行，风管可根据现场实际情况采取逐节吊装或者在地面拼装一定长度后整体吊装；

3）内保温风管与外保温风管、设备以及风阀等连接时，法兰高度可按表 6.2 的要求进行调整，或者采用大小头连接；

4）风管安装完毕后进行漏风量测试，要注意的是，导致风管严密性不合格的主要因素在于风管挡风条的安装与法兰边没有对齐，以及没有选用合适宽度的法兰垫料或者垫料粘贴时不够规范；

5）风管运输及安装过程中应注意防潮、防尘。

6.7.2　技术指标

内保温金属风管的主要技术指标如下：

（1）风管系统强度及严密性指标，应满足《通风与空调工程施工质量验收规范》GB 50243 要求；

（2）风管系统保温及耐火性能指标，应分别满足《通风与空调工程施工质量验收规范》GB 50243 和《通风管道技术规程》JGJ 141 要求；

（3）内保温风管金属风管的制作与安装，可参考国家建筑标准设计图集《非金属风管制作与安装》15K114 的相关规定；

（4）内衬保温棉及其表面涂层，应当采用不燃材料，采用的粘结剂应为环保无毒型。

6.7.3 适用范围

内保温金属风管适用于低、中压空调系统风管的制作安装，净化空调系统、防排烟系统等除外。

6.7.4 工程案例

上海迪士尼乐园梦幻世界、青岛部分地铁 3 号线 1 标段、中海油大厦（上海）等机电安装工程均采用了内保温金属风管。

6.8 金属风管预制安装施工技术

6.8.1 金属矩形风管薄钢板法兰连接技术

6.8.1.1 技术内容

（1）技术特点

金属矩形风管薄钢板法兰连接技术，代替了传统角钢法兰风管连接技术，已在国外有多年的发展和应用并形成了相应的规范和标准。采用薄钢板法兰连接技术不仅能节约材料，而且通过新型自动化设备生产使得生产效率提高、制作精度高、风管成型美观、安装简便，相比传统角钢法兰连接技术可节约劳动力 60% 左右，节约型钢、螺栓 65% 左右，而且由于不需防腐施工，减少了对环境的污染，具有较好的经济、社会与环境效益。

（2）施工工艺

金属矩形风管薄钢板法兰连接技术，根据加工形式不同分为两种：一种是法兰与风管壁为一体的形式，称之为"共板法兰"；另一种是薄钢板法兰用专用组合式法兰机制作成法兰的形式，根据风管长度下料后，插入制作好的风管管壁端部，再用铆（压）接连为一体，称之为"组合式法兰"。通过共板法兰风管自动化生产线，将卷材开卷、板材下料、冲孔（倒角）、辊压咬口、辊压法兰、折方等工序，制成半成品薄钢板法兰直风管管段。风管三通、弯头等异形配件通过数控等离子切割设备自动下料。

1）薄钢板法兰风管板材厚度 0.5 ~ 1.2mm，风管下料宜采用单片、L 型或口型方式。金属风管板材连接形式有：单咬口（适用于低、中、高压系统）、联合角咬口（适用于低、中、高压系统矩形风管及配件四角咬接）、转角咬口（适用于低、中、高压系统矩形风管及配件四角咬接）、按扣式咬口（低、中压矩形风管或配件四角咬接、低压圆形风管）；

2）当风管大边尺寸、长度及单边面积超出规定的范围时，应对其进行加固，加固方式有通丝加固、套管加固、Z形加固、V形加固等方式；

3）风管制作完成后，进行四个角连接件的固定，角件与法兰四角接口的固定应稳固、紧贴、端面应平整。固定完成后需要打密封胶，密封胶应保证弹性、粘着和防霉特性；

4）薄钢板法兰风管的连接方式应根据工作压力及风管尺寸大小合理选用，用专用工具将法兰弹簧卡固定在两节风管法兰处，或用顶丝卡固定两节风管法兰，弹簧卡、顶丝卡不应有松动现象。

6.8.1.2　技术指标

金属矩形风管薄钢板法兰连接应符合《通风与空调工程施工质量验收规范》GB 50243、《通风与空调工程施工规范》GB 50738、《通风管道技术规程》JGJ 141 相关规定。

6.8.1.3　适用范围

金属矩形风管薄钢板法兰连接技术适用于通风空调系统中工作压力不大于1500Pa 的非防排烟系统、风管边长尺寸不大于 1500mm（加固后为 2000mm）的薄钢板法兰矩形风管的制作与安装；对于风管边长尺寸大于 2000mm 的风管，应根据《通风管道技术规程》JGJ 141 采用角钢或其他形式的法兰风管。采用薄钢板法兰风管时，应由设计院与施工单位研究制定措施满足风管的强度和变形量要求。

6.8.1.4　工程案例

国家会展中心（上海）、中国尊、杭州国际博览中心等机电安装工程均采用了金属矩形风管薄钢板法兰连接。

6.8.2　金属圆形螺旋风管制安技术

6.8.2.1　技术内容

（1）技术特点

螺旋风管又称螺旋咬缝薄壁管，由条带形薄板螺旋卷绕而成，与传统金属风管（矩形或圆形）相比，具有无焊接、密封性能好、强度刚度好、通风阻力小、噪声低、造价低、安装方便、外观美观等特性。根据使用材料的材质不同，主要有镀锌螺旋风管、不锈钢螺旋风管、铝螺旋风管。螺旋风管制安机械自动化程度高、加工制作速度快，在发达国家已得到了长足的发展。

（2）施工工艺

金属圆形螺旋风管采用流水线生产，取代手工制作风管的全部程序和进程，使用宽度为138mm的金属卷材为原料，以螺旋的方式实现卷圆、咬口、合缝压实一次顺序完成，加工速度为4～20m/min。金属圆形螺旋风管一般是以3～6m为标准长度。弯头、三通等各类管件采用等离子切割机下料，直接输入管件相关参数即可精确快速切割管件展开板料；用缀缝焊机闭合板料和拼接各类金属板材，接口平整，不破坏板材表面；用圆形弯头成形机自动进行弯头咬口合缝，速度快，合缝密实平滑。

图6.8　承插式芯管制作示意图

螺旋风管的螺旋咬缝，可以作为加强筋，增加风管的刚性和强度。直径1000m以下的螺旋风管可以不另设加固措施；直径大于1000mm的螺旋风管可在每两个咬缝之间再增加一道楞筋，作为加固方法。

金属圆形螺旋风管通常采用承插式芯管连接及法兰连接。承插式芯管用与螺旋风管同材质的宽度为138mm金属钢带卷圆，在芯管中心轧制宽5mm的楞筋，两侧轧制密封槽，内嵌阻燃L型密封条。

表6.8　内接制作技术要求

接管口径（mm）	内接板厚（mm）	内接口径（mm）
500	1.0	498
600	1.0	598
700	1.0	698
800	1.2	798
900	1.2	898
1000	1.2	998
1200	1.75	1196
1400	1.75	1396
1600	2.0	1596
1800	2.0	1796
2000	2.0	1996

采用法兰连接时，将圆法兰内接于螺旋风管。法兰外边略小于螺旋风管内径1～2mm，同规格法兰具有可换性。法兰连接多用于防排烟系统，采用不燃的

耐温防火填料，相比芯管连接密封性能更好。

主要施工方法：

1）划分管段：根据施工图和现场实际情况，将风管系统划分为若干管段，并确定每段风管连接管件和长度，尽量减少空中接口数量；

2）芯管连接：将连接芯管插入金属螺旋风管一端，直至插入至楞筋位置，从内向外用铆钉固定；

3）风管吊装：金属螺旋风管支架间距约 3～4m，每吊装一节螺旋风管设一个支架，风管吊装后用扁钢抱箍托住风管，根据支吊架固定点的结构形式设置一个或者两个吊点，将风管调整就位；

4）风管连接：芯管连接时，将金属螺旋风管的连接芯管端插入另一节未连接芯管端，均匀推进，直至插入至楞筋位置，连接缝用密封胶密封处理。法兰连接时，将两节风管调整角度，直至法兰的螺栓孔对准，连接螺栓，螺栓需安装在同侧；

5）风管测试：根据风管系统的工作压力做漏光检测及漏风量检测。

6.8.2.2　技术指标

应符合《通风与空调工程施工质量验收规范》GB 50243、《通风与空调工程施工规范》GB 50738、《通风管道技术规程》JGJ 141 相关规定。

6.8.2.3　适用范围

金属圆形螺旋风管适用于送风、排风、空调风及防排烟系统。

1）用于送风、排风系统时，应采用承插式芯管连接方式；

2）用于空调送回风系统时，应采用双层螺旋保温风管，内芯管外抱箍连接方式；

3）用于防排烟系统时，应采用法兰连接方式。

6.8.2.4　工程案例

国家会展中心（上海）、杭州国际博览中心等机电安装工程均采用了金属圆形螺旋风管。

6.9　超高层垂直高压电缆敷设技术

6.9.1　技术内容

（1）技术特点

在超高层供电系统中，有时采用一种特殊结构的高压垂吊式电缆，这种电缆不论多长多重，都能靠自身支撑自重，解决了普通电缆在长距离的垂直敷设中容易被自身重量拉伤的问题。它由上水平敷设段、垂直敷设段、下水平敷设段组成，其结构为：电缆在垂直敷设段带有 3 根钢丝绳，并配吊装圆盘，钢丝绳用扇形塑料包覆，与三根电缆芯绞合，水平敷设段电缆不带钢丝绳。吊装圆盘为整个吊装电缆的核心部件，由吊环、吊具本体、连接螺栓和钢板卡具组成，其作用是在电缆敷设时承担吊具的功能并在电缆敷设到位后承载垂直段电缆的全部重量，电缆承重钢丝绳与吊具连接采用锌铜合金浇铸工艺。

（2）施工工艺

1）利用多台卷扬机吊运电缆，采用自下而上垂直吊装敷设的方法；

2）对每个井口的尺寸及中心垂直偏差进行测量，并安装槽钢台架；

3）设计穿井梭头，用以扶住吊装圆盘，让其顺利穿过井口；

4）吊装卷扬机布置在电气竖井的最高设备层或以上楼面，除吊装最高设备层的高压垂吊式电缆外，还要考虑吊装同一井道内其他设备层的高压垂吊式电缆；

5）架设专用通讯线路，在电气竖井内每一层备有电话接口。指挥人、主吊操作人、放盘区负责人还必须配备对讲机；

6）电气竖井内要设置临时照明；

7）电缆盘至井口应设有缓冲区和下水平段电缆脱盘后的摆放区，面积大约 $30 \sim 40 m^2$。架设电缆盘的起重设备通常从施工现场在用的塔吊、汽车吊、履带吊等起重设备中选择；

8）吊装过程：选用有垂直受力锁紧特性的活套型网套，同时为确保吊装安全可靠，设一根直径 12.5mm 保险附绳，当上水平段电缆全部吊起，将主吊绳与吊装圆盘连接，同时将垂直段电缆钢丝绳与吊装圆盘连接。当吊装圆盘连接后，组装穿井梭头。在吊装过程中，在电气竖井井口安装防摆动定位装置，可以有效的控制电缆摆动。将上水平段电缆与主吊绳并拢，由下而上每隔 2m 捆绑，直至绑到电缆头，吊运上水平段和垂直段电缆。吊装圆盘在槽钢台架上固定后，还要对其辅助吊挂，目的是使电缆固定更为安全可靠。在吊装圆盘及其辅助吊索安装完成后，电缆处于自重垂直状态下，将每个楼层井口的电缆用抱箍固定在槽钢台架上。水平段电缆通常采用人力敷设。在桥架水平段每隔 2m 设置一组滚轮。

6.9.2 技术指标

（1）应符合下列标准规范的相关规定：

《电气装置安装工程电缆线路施工及验收规范》GB 50168、《建筑电气工程施工质量验收规范》GB 50303、《电气装置安装工程电气设备交接试验标准》GB 50150、《建筑机械使用安全技术规程》JGJ 33、《施工现场临时用电安全技术规范》JGJ 46。

（2）技术要求

电缆型号、电压及规格应符合设计要求。核实电缆生产编号、订货长度、电缆位号，做到敷设准确无误；电缆外观无损伤，电缆密封应严密；电缆应做耐压和泄漏试验，试验标准应符合国家标准和规范的要求，电缆敷设前还应用2.5kV 摇表测量绝缘电阻是否合格。

6.9.3　适用范围

适用于超高层建筑的电气垂直井道内的高压电缆吊运敷设。

6.9.4　工程案例

上海环球金融中心大厦。

6.10　机电消声减振综合施工技术

6.10.1　技术内容

（1）技术特点

机电消声减振综合施工技术是实现机电系统设计功能的保障。随着建筑工程机电系统功能需求的不断增加，越来越多的机电系统设备（设施）被应用到建筑工程中。这些机电设备（设施）在丰富建筑功能、改善人文环境、提升使用价值的同时，也带来一系列的负面影响因素，如机电设备在运行过程中产生及传播的噪声和振动给使用者带来难以接受的困扰，甚至直接影响到人身健康等。

（2）施工工艺

噪声及振动的频率低，空气、障碍物以及建筑结构等对噪声及振动的衰减作用非常有限（一般建筑构建物噪声衰减量仅为 0.02 ~ 0.2dB/m），因此必须在机电系统设计与施工前，通过对机电系统噪声及振动产生的源头、传播方式与传播途径、受影响因素及产生的后果等进行细致分析，制定消声减振措施方案，对其中的关键环节加以适度控制，实现对机电系统噪声和振动的有效防控。具体实施工艺包括：对机电系统进行消声减振设计、选用低噪、低振设备（设施)、改变或阻断噪声与振动的传播路径以及引入主动式消声抗振工艺等。

主要施工方法：

1）优化机电系统设计方案，对机电系统进行消声减振设计。机电系统设计时，在结构及建筑分区的基础上充分考虑满足建筑功能的合理机电系统分区，为需要进行严格消声减振控制的功能区设计独立的机电系统，根据系统消声、减振需要，确定设备（设施）技术参数及控制流体流速，同时避免其他机电设施穿越；

2）在机电系统设备（设施）选型时，优先选用低噪、低振的机电设备（设施），如箱式设备、变频设备、缓闭式设备、静音设备，以及高效率、低转速设备等；

3）机电系统安装施工过程中，在进行深化设计时要充分考虑系统消声、减振功能需要，通过隔声、吸声、消声、隔振、阻尼等处理方法，在机电系统中设置消声减振设备（设施），改变或阻断噪声与振动的传播路径；如设备采用浮筑基础、减振浮台及减震器等的隔声隔振构造，管道与结构、管道与设备、管道与支吊架及支吊架与结构（包括钢结构）之间采用消声减振的隔离隔断措施，如套管、避振器、隔离衬垫、柔性软接、避振喉等；

4）引入主动式消声抗振工艺。在机电系统深化设计中，针对系统消声减振需要引入主动式消声抗振工艺，扰动或改变机电系统固有噪声、振动频率及传播方向，达到消声抗振的目的。

6.10.2 技术指标

机电消声减振应按设计要求的标准执行；当无设计无要求时，参照执行《城市区域环境噪声标准》GB 3096、《城市区域环境振动标准》GB 10070、《民用建筑隔声设计规范》GB 50118、《隔振设计规范》GB 50463、《建筑工程容许振动标准》GB 50868、《环境噪声与振动控制工程技术导则》HJ 2034、《剧场、电影院和多用途厅堂建筑声学设计规范》GB/T 50356。

6.10.3 适用范围

该技术适用于大、中型公共建筑工程机电系统消声减振施工，特别适用于广播电视、音乐厅、大剧院、会议中心、高端酒店等安装工程。

6.10.4 工程案例

吉林省广电中心、吉林省政府新建办公楼、上海金茂大厦、北京银泰中心、中国银行大厦、首都博物馆、中国大剧院等机电安装工程都采用了机电消声减振施工技术。

6.11　建筑机电系统全过程调试技术

6.11.1　技术内容

（1）技术特点

建筑机电系统全过程调试技术覆盖建筑机电系统的方案设计阶段、设计阶段、施工阶段和运行维护阶段，其执行者可以由独立的第三方、业主、设计方、总承包商或机电分包商等承担。目前最常见的是业主聘请独立第三方顾问，即调试顾问作为调试管理方。

（2）调试内容

1）方案设计阶段：为项目初始时的筹备阶段，其调试工作主要目标是明确和建立业主的项目要求；业主项目要求是机电系统设计、施工和运行的基础，同时也决定着调试计划和进程安排；该阶段调试团队由业主代表、调试顾问、前期设计和规划方面专业人员、设计人员组成。该阶段主要工作为：组建调试团队，明确各方职责；建立例会制度及过程文件体系；明确业主项目要求；确定调试工作范围和预算；建立初步调试计划；建立问题日志程序；筹备调试过程进度报告；对设计方案进行复核，确保满足业主项目要求；

2）设计阶段：该阶段调试工作主要目标是尽量确保设计文件满足和体现业主项目要求；该阶段调试团队由业主代表、调试顾问、设计人员和机电总包项目经理组成；

该阶段主要工作为：建立并维持项目团队的团结协作；确定调试过程各部分的工作范围和预算；指定负责完成特定设备及部件调试工作的专业人员；召开调试团队会议并做好记录；收集调试团队成员关于业主项目要求的修改意见；制定调试过程工作时间表；在问题日志中追踪记录问题或背离业主项目要求的情况及处理办法；确保设计文件的记录和更新；建立施工清单；建立施工、交付及运行阶段测试要求；建立培训计划要求；记录调试过程要求并汇总进承包文件；更新调试计划；复查设计文件是否符合业主项目要求；更新业主项目要求；记录并复查调试过程进度报告；

3）施工阶段：该阶段调试工作主要目标是确保机电系统及部件的安装满足业主项目要求；该阶段调试团队包括业主代表、调试顾问、设计人员、机电总包项目经理、专业承包商和设备供应商；该阶段主要工作为：协调业主代表参与调试工作并制定相应时间表；更新业主项目要求；根据现场情况，更新调试计划；组织施工前调试过程会议；确定测试方案，包括机电设备测试、风系统/水系统平衡调试、系统运行测试等，并明确测试范围，明确测试方法、试运行介质、目标参数值允许偏差、调试工作绩效评定标准；建立测试记录；定期召开调试过程会议；定期实施现场检查；监督施工方的现场调试、测试工作；核查运维人员培训情况；编制调试过程进度报告；更新机电系统管理手册；

4）交付和运行阶段：当项目基本竣工后进入交付和运行阶段的调试工作，直到保修合同结束时间为止；该阶段工作目标是确保机电系统及部件的持续运行、维护和调节及相关文件更新均能满足最新业主项目要求；该阶段调试团队包括业主代表、调试顾问、设计人员、机电总包项目经理、专业承包商。该阶段主要工作为：协调机电总包的质量复查工作，充分利用调试顾问的知识和项目经验使得机电总包返工数量和次数最小化；进行机电系统及部件的季度测试；进行机电系统运行维护人员培训；完成机电系统管理手册并持续更新；进行机电系统及部件的定期运行状况评估；召开经验总结研讨会；完成项目最终调试过程报告。

（3）调试文件

1）调试计划：为调试工作前瞻性整体规划文件，由调试顾问根据项目具体情况起草，在调试项目首次会议，由调试团队各成员参与讨论，会后调试顾问再进行修改完善。调试计划必须随着项目的进行而持续修改、更新。一般每月都要对调试计划进行适当调整。调试顾问可以根据调试项目工作量大小，建立一份贯穿项目全过程的调试计划，也可以建立一份分阶段（方案设计阶段、设计阶段、施工阶段和运行维护阶段）实施的调试计划；

2）业主项目要求：确定业主的项目要求对整个调试工作很重要，调试顾问组织召开业主项目要求研讨会，准确把握业主项目要求，并建立业主项目要求文件；

3）施工清单：机电承包商详细记录机电设备及部件的运输、安装情况，以确保各设备及系统正确安装、运行的文件；主要包括设备清单、安装前检查表、安装过程检查表、安装过程问题汇总、设备施工清单、系统问题汇总。

4）问题日志：记录调试过程发现的问题及其解决办法的正式文件，由调试团队在调试过程中建立，并定期更新。调试顾问在进行安装质量检查和监督施工单位调试时，可根据项目大小和合同内容来确定抽样检查比例或复测比例，一般不低于20%。抽查或抽测时发现问题应记入问题日志；

5）调试过程进度报告：详细记录调试过程中各部分完成情况以及各项工作和成果的文件，各阶段调试过程进度报告最终汇总成为机电系统管理手册的一部分；它通常包括：项目进展概况；本阶段各方职责、工作范围；本阶段工作完成情况；本阶段出现的问题及跟踪情况；本阶段未解决的问题汇总及影响分析；下阶段工作计划；

6）机电系统管理手册：是以系统为重点的复合文档，包括使用和运行阶段运行和维护指南以及业主使用中的附加信息，主要包括业主最终项目要求文件、设计文件、最终调试计划、调试报告、厂商提供的设备安装手册和运行维护手册、机电系统图表、已审核确认的竣工图纸、系统或设备/部件测试报告、备用设备部件清单、维修手册等；

7）培训记录：调试顾问应在调试工作结束后，对机电系统的实际运行维护人员进行系统培训，并做好相应的培训记录。

6.11.2　技术指标

目前，国内关于建筑机电系统全过程调试没有专门的规范和指南，只能依照现行的设计、施工、验收和检测规范的相关部分开展工作。主要依据的规范有：《民用建筑供暖通风与空气调节设计规范》GB 50736、《公共建筑节能设计标准》GB 50189、《民用建筑电气设计规范》JGJ 16、《通风与空调工程施工质量验收规范》GB 50243、《建筑节能工程施工质量验收规范》GB 50411、《建筑电气工程施工质量验收规范》GB 50303、《建筑给水排水及采暖工程施工质量验收规范》GB 50242、《智能建筑工程质量验收规范》GB 50339、《通风与空调工程施工规范》GB 50738、《公共建筑节能检测标准》JGJ/T 177、《采暖通风与空气调节工程检测技术规程》JGJ/T 260、《变风量空调系统工程技术规程》JGJ 343。

6.11.3　适用范围

此项技术适用于新建建筑的机电系统全过程调试，特别适用于实施总承包的机电系统全过程调试。

6.11.4　工程案例

巴哈马大型度假村、北京新华都等工程均采用机电系统全过程调试技术。

7 绿色施工技术

7.1 封闭降水及水收集综合利用技术

7.1.1 基坑施工封闭降水技术

7.1.1.1 技术内容

基坑封闭降水是指在坑底和基坑侧壁采用截水措施，在基坑周边形成止水帷幕，阻截基坑侧壁及基坑底面的地下水流入基坑，在基坑降水过程中对基坑以外地下水位不产生影响的降水方法；基坑施工时应按需降水或隔离水源。

在我国沿海地区宜采用地下连续墙或护坡桩+搅拌桩止水帷幕的地下水封闭措施；内陆地区宜采用护坡桩+旋喷桩止水帷幕的地下水封闭措施；河流阶地地区宜采用双排或三排搅拌桩对基坑进行封闭，同时兼做支护的地下水封闭措施。

7.1.1.2 技术指标

（1）封闭深度：宜采用悬挂式竖向截水和水平封底相结合，在没有水平封底措施的情况下要求侧壁帷幕（连续墙、搅拌桩、旋喷桩等）插入基坑下卧不透水土层一定深度。深度情况应满足下式计算：

$$L = 0.2h_w - 0.5b$$

式中 L——帷幕插入不透水层的深度；

h_w——作用水头；

b——帷幕厚度。

（2）截水帷幕厚度：满足抗渗要求，渗透系数宜小于 $1.0 \times 10^{-6} \mathrm{cm/s}$；

（3）基坑内井深度：可采用疏干井和降水井，若采用降水井，井深度不宜超过截水帷幕深度；若采用疏干井，井深应插入下层强透水层；

（4）结构安全性：截水帷幕必须在有安全的基坑支护措施下配合使用（如注浆法），或者帷幕本身经计算能同时满足基坑支护的要求（如地下连续墙）。

7.1.1.3 适用范围

基坑施工封闭降水技术适用于有地下水存在的所有非岩石地层的基坑工程。

7.1.1.4 工程案例

北京地铁 8 号线、天津周大福金融中心均采用了基坑施工封闭降水技术。

7.1.2 施工现场水收集综合利用技术

7.1.2.1 技术内容

施工过程中应高度重视施工现场非传统水源的水收集与综合利用，该项技术包括基坑施工降水回收利用技术、雨水回收利用技术、现场生产和生活废水回收利用技术。

（1）基坑施工降水回收利用技术，一般包含两种技术：一是利用自渗效果将上层滞水引渗至下层潜水层中，可使部分水资源重新回灌至地下的回收利用技术；二是将降水所抽水体集中存放施工时再利用；

（2）雨水回收利用技术是指在施工现场中将雨水收集后，经过雨水渗蓄、沉淀等处理，集中存放再利用。回收水可直接用于冲刷厕所、施工现场洗车及现场洒水控制扬尘；

（3）现场生产和生活废水利用技术是指将施工生产和生活废水经过过滤、沉淀或净化等处理达标后再利用。

经过处理或水质达到要求的水体可用于绿化、结构养护用水以及混凝土试块养护用水等。

7.1.2.2 技术指标

（1）利用自渗效果将上层滞水引渗至下层潜水层中，有回灌量、集中存放量和使用量记录；

（2）施工现场用水至少应有 20% 来源于雨水和生产废水回收利用等；

（3）污水排放应符合《污水综合排放标准》GB 8978。

（4）基坑降水回收利用率为

$$R = K_6 \frac{Q_1 + q_1 + q_2 + q_3}{Q_0} \times 100\%$$

式中　Q_0——基坑涌水量（m³/d），按照最不利条件下的计算最大流量；

Q_1——回灌至地下的水量（根据地质情况及试验确定）；

q_1——现场生活用水量（m³/d）；

q_2——现场控制扬尘用水量（m³/d）；

q_3——施工砌筑抹灰等用水量（m^3/d）；

K_6——损失系数；取 $0.85 \sim 0.95$。

7.1.2.3　适用范围

基坑封闭降水技术适用于地下水面埋藏较浅的地区；雨水及废水利用技术适用于各类施工工程。

7.1.2.4　工程案例

天津津湾广场 9 号楼、上海浦东金融广场、深圳平安中心、天津渤海银行、东营市东银大厦等工程均采用了此封闭了降水及水收集综合利用技术。

7.2　建筑垃圾减量化与资源化利用技术

7.2.1　技术内容

建筑垃圾指在新建、扩建、改建和拆除加固各类建筑物、构筑物、管网以及装饰装修等过程中产生的施工废弃物。

建筑垃圾减量化是指在施工过程中采用绿色施工新技术、精细化施工和标准化施工等措施，减少建筑垃圾排放；建筑垃圾资源化利用是指建筑垃圾就近处置、回收直接利用或加工处理后再利用。对于建筑垃圾减量化与建筑垃圾资源化利用主要措施为：实施建筑垃圾分类收集、分类堆放；碎石类、粉类的建筑垃圾进行级配后用作基坑肥槽、路基的回填材料；采用移动式快速加工机械，将废旧砖瓦、废旧混凝土就地分拣、粉碎、分级，变为可再生骨料。

可回收的建筑垃圾主要有散落的砂浆和混凝土、剔凿产生的砖石和混凝土碎块、打桩截下的钢筋混凝土桩头、砌块碎块，废旧木材、钢筋余料、塑料等。

现场垃圾减量与资源化的主要技术有：

（1）对钢筋采用优化下料技术，提高钢筋利用率；对钢筋余料采用再利用技术，如将钢筋余料用于加工马凳筋、预埋件与安全围栏等；

（2）对模板的使用应进行优化拼接，减少裁剪量；对木模板应通过合理的设计和加工制作提高重复使用率的技术；对短木方采用指接接长技术，提高木方利用率；

（3）对混凝土浇筑施工中的混凝土余料做好回收利用，用于制作小过梁、混凝土砖等；

（4）对二次结构的加气混凝土砌块隔墙施工中，做好加气块的排块设计，在加工车间进行机械切割，减少工地加气混凝土砌块的废料；

（5）废塑料、废木材、钢筋头与废混凝土的机械分拣技术；利用废旧砖瓦、废旧混凝土为原料的再生骨料就地加工与分级技术。

（6）现场直接利用再生骨料和微细粉料作为骨料和填充料，生产混凝土砌块、混凝土砖，透水砖等制品的技术；

（7）利用再生细骨料制备砂浆及其使用的综合技术。

7.2.2　技术指标

（1）再生骨料应符合《混凝土再生粗骨料》GB/T 25177、《混凝土和砂浆用再生细骨料》GB/T 25176、《再生骨料应用技术规程》JGJ/T 240、《再生骨料地面砖、透水砖》CJ/T 400 和《建筑垃圾再生骨料实心砖》JG/T 505 的规定；

（2）建筑垃圾产生量应不高于 350t/万 m^2；可回收的建筑垃圾回收利用率达到 80% 以上。

7.2.3　适用范围

建筑垃圾减量化与资源化利用技术适合建筑物和基础设施拆迁、新建和改扩建工程。

7.2.4　工程案例

天津生态城海洋博物馆、成都银泰中心、北京建筑大学实验楼工程、昌平区亭子庄污水处理站工程昌平陶瓷馆、邯郸金世纪商务中心、青岛市海逸景园等工程、安阳人民医院整体搬迁建设项目门急诊综合楼工程均采用了建筑垃圾减量化与资源化利用技术。

7.3　施工现场太阳能、空气能利用技术

7.3.1　施工现场太阳能光伏发电照明技术

7.3.1.1　技术内容

施工现场太阳能光伏发电照明技术是利用太阳能电池组件将太阳光能直接转化为电能储存并用于施工现场照明系统的技术。发电系统主要由光伏组件、控制器、蓄电池（组）和逆变器（当照明负载为直流电时，不使用）及照明负载等组成。

7.3.1.2   技术指标

施工现场太阳能光伏发电照明技术中的照明灯具负载应为直流负载，灯具选用以工作电压为12V的LED灯为主。生活区安装太阳能发电电池，保证道路照明使用率达到90%以上。

（1）光伏组件：具有封装及内部联结的、能单独提供直流电输出、最小不可分割的太阳电池组合装置，又称太阳电池组件。太阳光充足日照好的地区，宜采用多晶硅太阳能电池；阴雨天比较多、阳光相对不是很充足的地区，宜采用单晶硅太阳能电池；其他新型太阳能电池，可根据太阳能电池发展趋势选用新型低成本太阳能电池；选用的太阳能电池输出的电压应比蓄电池的额定电压高20%~30%，以保证蓄电池正常充电；

（2）太阳能控制器：控制整个系统的工作状态，并对蓄电池起到过充电保护、过放电保护的作用；在温差较大的地方，应具备温度补偿和路灯控制功能；

（3）蓄电池：一般为铅酸电池，小微型系统中，也可用镍氢电池、镍镉电池或锂电池。根据临建照明系统整体用电负荷数，选用适合容量的蓄电池，蓄电池额定工作电压通常选12V，容量为日负荷消耗量的6倍左右，可根据项目具体使用情况组成电池组。

7.3.1.3   适用范围

此项技术适用于施工现场临时照明，如路灯、加工棚照明、办公区廊灯、食堂照明、卫生间照明等。

7.3.1.4   工程案例

北京地区清华附中凯文国际学校工程、长乐宝苑三期工程、浙江地区台州银泰城工程、安徽地区阜阳颖泉万达、湖南地区长沙明昇壹城、山东地区青岛北客站等工程均采用了太阳能光伏发电照明技术。

7.3.2   太阳能能热水应用技术

7.3.2.1   技术内容

太阳能热水技术是利用太阳光将水温加热的装置。太阳能热水器分为真空管式太阳能热水器和平板式太阳能热水器，真空管式太阳能热水器占据国内95%的市场份额，太阳能光热发电比光伏发电的太阳能转化效率较高。它由集热部件（真空管式为真空集热管，平板式为平板集热器）、保温水箱、支架、连接管道、控制部件等组成。

7.3.2.2   技术指标

（1）太阳能热水技术系统由集热器外壳、水箱内胆、水箱外壳、控制器、水泵、内循环系统等组成。常见太阳能热水器安装技术参数见表7.3-1：

表 7.3-1   太阳能热水器安装技术参数

产品型号	水箱容积 （t）	集热面积 （m²）	集热管规格 （mm）	集热管支数 （支）	适用人数
DFJN - 1	1	15	φ47×1500	120	20～25
DFJN - 2	2	30	φ47×1500	240	40～50
DFJN - 3	3	45	φ47×1500	360	60～70
DFJN - 4	4	60	φ47×1500	480	80～90
DFJN - 5	5	75	φ47×1500	600	100～120
DFJN - 6	6	90	φ47×1500	720	120～140
DFJN - 7	7	105	φ47×1500	840	140～160
DFJN - 8	8	120	φ47×1500	960	160～180
DFJN - 9	9	135	φ47×1500	1080	180～200
DFJN - 10	10	150	φ47×1500	1200	200～240
DFJN - 15	15	225	φ47×1500	1800	300～360
DFJN - 20	20	300	φ47×1500	2400	400～500
DFJN - 30	30	450	φ47×1500	3600	600～700
DFJN - 40	40	600	φ47×1500	4800	800～900
DFJN - 50	50	750	φ47×1500	6000	1000～1100

注：因每人每次洗浴用水量不同，以上所标适用人数为参考洗浴人数，请购买时根据实际情况选择合适的型号安装。

（2）太阳能集热器相对储水箱的位置应使循环管路尽可能短；集热器面向正南或正南偏西 5°，条件不允许时可正南 ±30°；平板型、竖插式真空管太阳能集热器安装倾角需与工程所在地区纬度调整，一般情况安装角度等于当地纬度或当地纬度 ±10°；集热器应避免遮光物或前排集热器的遮挡，应尽量避免反射光对附近建筑物引起光污染；

（3）采购的太阳能热水器的热性能、耐压、电气强度、外观等检测项目，应依据《家用太阳热水系统技术条件》GB/T 19141 标准要求；

（4）宜选用合理先进的控制系统，控制主机启停、水箱补水、用户用水等；系统用水箱和管道需做好保温防冻措施。

7.3.2.3   适用范围

此项技术适用于太阳能丰富的地区，也适用于施工现场办公、生活区临时热水供应。

7.3.2.4   工程案例

海淀区苏家坨镇北安河定向安置房项目东区 12、22、25 及 31 地块、天津嘉海国际花园项目、成都天府新区成都片区直管区兴隆镇（保三）、正兴镇（钓四）安置房建设项目工程均采用了太阳能热水应用技术。

7.3.3 空气能热水技术

7.3.3.1 技术内容

空气能热水技术是运用热泵工作原理，吸收空气中的低能热量，经过中间介质的热交换，并压缩成高温气体，通过管道循环系统对水加热的技术。空气能热水器是采用制冷原理从空气中吸收热量来加热水的"热量搬运"装置，把一种沸点为零下 10 多℃的制冷剂通到交换机中，制冷剂通过蒸发由液态变成气态从空气中吸收热量。再经过压缩机加压做工，制冷剂的温度就能骤升至 80 ~ 120℃。具有高效节能的特点，较常规电热水器的热效率高达380% ~600%，制造相同的热水量，比电辅助太阳能热水器利用能效高，耗电只有电热水器的1/4。

7.3.3.2 技术指标

（1）空气能热水器利用空气能，不需要阳光，因此放在室内或室外均可，温度在零摄氏度以上，就可以 24 小时全天候承压运行；部分空气能（源）热泵热水器参数见表 7.3-2。

表 7.3-2　部分空气能（源）热泵热水器参数

机组型号	2P	3P		5P	10P
额定制热量（kW）	6.79	8.87	8.87	14.97	30
额定输入功率（kW）	1.96	2.88	2.83	4.67	9.34
最大输入功率（kW）	2.5	3.6	3.8	6.4	12.8
额定电流（A）	9.1	14.4	5.1	8.4	16.8
最大输入电流（A）	11.4	16.2	7.1	12	20
电源电压（V）	220			380	
最高出水温度（℃）	60				
额定出水温度（℃）	55				
额定使用水压（MPA）	0.7				
热水循环水量（m3/h）	3.6	7.8	7.8	11.4	19.2
循环泵扬程（m）	3.5	5	5	5	7.5
水泵输出功率（W）	40	100	100	125	250
产水量（L/hr，20~55℃）	150	300	300	400	800
COP 值	2~5.5				
水管接头规格	DN20	DN25	DN25	DN25	DN32
环境温度要求	-5~40℃				
运行噪音	≤50dB（A）	≤55dB（A）	≤55dB（A）	≤60dB（A）	≤60dB（A）
选配热水箱容积（t）	1~1.5	2~2.5	2~2.5	3~4	5~8

（2）工程现场使用空气能热水器时，空气能热泵机组应尽可能布置在室外，进风和排风应通畅，避免造成气流短路。机组间的距离应保持在 2m 以上，机组与主体建筑或临建墙体（封闭遮挡类墙面或构件）间的距离应保持在 3m 以上；另外为避免排风短路，在机组上部不应设置挡雨棚之类的遮挡物；如果机组必须布置在室内，应采取提高风机静压的办法，接风管将排风排至室外；

（3）宜选用合理先进的控制系统，控制主机启停、水箱补水、用户用水、以及其它辅助热源切入与退出；系统用水箱和管道需做好保温防冻措施。

7.3.3.3　适用范围

此项技术适用于施工现场办公、生活区临时热水供应。

7.3.3.4　工程案例

北京清华附中凯文国际学校、天津嘉海国际花园项目、正兴镇（钓四）安置房建设项目工程、浙江台州银泰城等工程均采用了此项技术。

7.4　施工扬尘控制技术

7.4.1　技术内容

施工扬尘控制技术包括施工现场道路、塔吊、脚手架等部位自动喷淋降尘和雾炮降尘技术、施工现场车辆自动冲洗技术。

（1）自动喷淋降尘系统由蓄水系统、自动控制系统、语音报警系统、变频水泵、主管、三通阀、支管、微雾喷头连接而成，主要安装在临时施工道路、脚手架上。

塔吊自动喷淋降尘系统是指在塔吊安装完成后通过塔吊旋转臂安装的喷水设施，用于塔臂覆盖范围内的降尘、混凝土养护等。喷淋系统由加压泵、塔吊、喷淋主管、万向旋转接头、喷淋头、卡扣、扬尘监测设备、视频监控设备等组成。

（2）雾炮降尘系统主要有电机、高压风机、水平旋转装置、仰角控制装置、导流筒、雾化喷嘴、高压泵、储水箱等装置，其特点为风力强劲、射程高（远）、穿透性好，可以实现精量喷雾，雾粒细小，能快速将尘埃抑制降沉，工作效率高、速度快，覆盖面积大。

（3）施工现场车辆自动冲洗系统由供水系统、循环用水处理系统、冲洗系统、承重系统、自动控制系统组成。采用红外、位置传感器启动自动清洗及运行指示的智能化控制技术。水池采用四级沉淀、分离，处理水质，确保水循环使用；清洗系统由冲洗槽、两侧挡板、高压喷嘴装置、控制装置和沉淀循环水池组成；喷嘴沿多个方向布置，无死角。

7.4.2　技术指标

扬尘控制指标应符合现行《建筑工程绿色施工规范》GB/T 50905 中的相关要求。

地基与基础工程施工阶段施工现场 PM10/h 平均浓度不宜大于 $150\mu g/m^3$ 或工程所在区域的 PM10/h 平均浓度的 120%；结构工程及装饰装修与机电安装工程施工阶段施工现场 PM10/h 平均浓度不宜大于 $60\mu g/m^3$ 或工程所在区域的 PM10/h 平均浓度的 120%。

7.4.3　适用范围

此项技术适应用于所有工业与民用建筑的施工工地。

7.4.4　工程案例

深圳海上世界双玺花园工程、北京金域国际工程、郑州东润泰、重庆环球金融中心、成都 IFS 国金中心等工程均采用了此项技术。

7.5　施工噪声控制技术

7.5.1　技术内容

施工噪声控制技术，即通过选用低噪声设备、先进施工工艺或采用隔声屏、隔声罩等措施有效降低施工现场及施工过程噪声的控制技术。

（1）隔声屏是通过遮挡和吸声减少噪声的排放。隔声屏主要由基础、立柱和隔音屏板几部分组成。基础可以单独设计也可在道路设计时一并设计在道路附属设施上；立柱可以通过预埋螺栓、植筋与焊接等方法，将立柱上的底法兰与基础连接牢靠，声屏障立板可以通过专用高强度弹簧与螺栓及角钢等方法将其固定于立柱槽口内，形成声屏障。隔声屏可模块化生产，装配式施工，选择多种色彩和造型进行组合、搭配与周围环境协调。

（2）隔声罩是把噪声较大的机械设备（搅拌机、混凝土输送泵、电锯等）封闭起来，有效地阻隔噪声的外传。隔声罩外壳由一层不透气的具有一定重量和刚性的金属材料制成，一般用 2~3mm 厚的钢板，铺上一层阻尼层，阻尼层常用沥青阻尼胶浸透的纤维织物或纤维材料，外壳也可以用木板或塑料板制作，轻型隔声结构可用铝板制作。要求高的隔声罩可做成双层壳，内层较外层薄一些；两层的间距一般是 6～10mm，填入多孔吸声材料。罩的内侧附加吸声材料，以吸收声音并减弱空腔内的噪声。要减少罩内混响声和防止固体声的传递；尽可能减少在罩壁上开孔，对于必需的开孔的，开口面积应尽量小；在罩壁的构件相接处的缝隙，要采取密封措施，以减少漏声；由于罩内声源机器设备的散热，可能导致罩内温度升高，对此应采取适当的通风散热措施。要考虑声源机器设备操作、维修方便的要求。

（3）应设置封闭的木工用房，以有效降低电锯加工时噪音对施工现场的影响。

（4）施工现场应优先选用低噪声机械设备，优先选用能够减少或避免噪音的先进施工工艺。

7.5.2　技术指标

施工现场噪声应符合《建筑施工场界环境噪声排放标准》GB 12523 的规定，昼间≤70dB（A），夜间≤55 dB（A）。

7.5.3　适用范围

此项技术适用于工业与民用建筑工程施工。

7.5.4　工程案例

上海市轨道交通 9 号线二期港汇广场站、人民路越江隧道工程、闸北区 312 街坊 33 丘地块商办项目、泛海国际工程、北京地铁 14 号线 08 标段等工程均采用了此项技术。

7.6　绿色施工在线监测评价技术

7.6.1　技术内容

绿色施工在线监测及量化评价技术是根据绿色施工评价标准，通过在施工现场安装智能仪表并借助 GPRS 通讯和计算机软件技术，随时随地以数字化的方式对施工现场能耗、水耗、施工噪声、施工扬尘、大型施工设备安全运行状况等各项绿色施工指标数据进行实时监测、记录、统计、分析、评价和预警的监测系统和评价体系。

绿色施工涉及管理、技术、材料、工艺、装备等多个方面。根据绿色施工现场的特点以及施工流程，在确保施工各项目都能得到监测的前提下，绿色施工监测内容应尽可能全面，用最小的成本获得最大限度的绿色施工数据，绿色施工在线监测对象应包括但不限于图 7.6 所示内容。

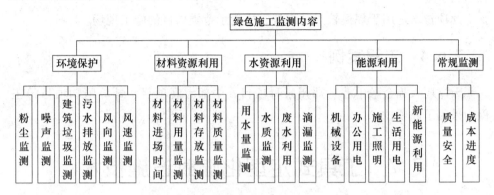

图 7.6　绿色施工在线监测对象内容框架

监测及量化评价系统构成以传感器为监测基础，以无线数据传输技术为通讯手段，包括现场监测子系统、数据中心和数据分析处理子系统。现场监测子系统由分布在各个监测点的智能传感器和 HCC 可编程通讯处理器组成监测节点，利用无线通信方式进行数据的转发和传输，达到实时监测施工用电、用水、施工产生的噪音和粉尘、风速风向等数据。数据中心负责接收数据和初步的处理、存储，数据分析处理子系统则将初步处理的数据进行量化评价和预警，并依据授权发布处理数据。

7.6.2　技术指标

绿色施工在线监测评价主要包括以下技术指标：

（1）绿色施工在线监测及评价内容包括数据记录、分析及量化评价和预警；

（2）应符合《建筑施工场界环境噪声排放标准》GB 12523、《污水综合排放标准》GB 8978、《生活饮用水卫生标准》GB 5749；建筑垃圾产生量应不高于 350t/万 m²。施工现场扬尘监测主要为 PM2.5、PM10 的控制监测，PM10 不超过所在区域的 120%；

（3）受风力影响较大的施工工序场地、机械设备（如塔吊）处风向、风速监测仪安装率宜达到 100%；

（4）现场施工照明、办公区需安装高效节能灯具（如 LED）、声光智能开关，安装覆盖率宜达到 100%；

（5）对于危险性较大的施工工序，远程监控安装率宜达到 100%；

（6）材料进场时间、用量、验收情况实时录入监测系统，保证远程实时接收监测结果。

7.6.3　适用范围

此项技术适用于规模较大及科技、质量示范类项目的施工现场。

7.6.4　工程案例

天津周大福金融中心、郑州泉舜项目、中部大观项目、蚌埠国购项目等工程均采用了此项技术。

7.7　工具式定型化临时设施技术

7.7.1　技术内容

工具式定型化临时设施包括标准化箱式房、定型化临边洞口防护、加工棚，构件化 PVC 绿色围墙、预制装配式马道、可重复使用临时道路板等。

（1）标准化箱式施工现场用房包括办公室用房，会议室、接待室、资料室、活动室、阅读室、卫生间。标准化箱式附属用房，包括食堂、门卫房、设备房、试验用房。按照标准尺寸和符合要求的材质制作和使用，见表 7.7。

表 7.7　标准化箱式房几何尺寸（建议尺寸）

项目		几何尺寸（mm）	
		型式一	型式二
箱体	外	L6055 × W2435 × H2896	L6055 × W2990 × H2896
	内	L5840 × W225 × H2540	L5840 × W2780 × H2540
窗		$H \geqslant 1100$ W650 × H1100/W1500 × H1100	
门		$H \geqslant 2000$ $W \geqslant 850$	
框架梁高	顶	$H \geqslant 180$（钢板厚度≥4）	
	底	$H \geqslant 140$（钢板厚度≥4）	

（2）定型化临边洞口防护、加工棚

定型化、可周转的基坑、楼层临边防护、水平洞口防护，可选用网片式、格栅式或组装式。

当水平洞口短边尺寸大于 1500mm 时，洞口四周应搭设不低于 1200mm 防护，下口设置踢脚线并张挂水平安全网，防护方式可选用网片式、格栅式或组装式，防护距离洞口边不小于 200mm。

楼梯扶手栏杆采用工具式短钢管接头，立杆采用膨胀螺栓与结构固定，内插钢管栏杆，使用结束后可拆卸周转重复使用。

可周转定型化加工棚基础尺寸采用 C30 混凝土浇筑，预埋 400mm×400mm×12mm 钢板，钢板下部焊接直径 20mm 钢筋，并塞焊 8 个 M18 螺栓固定立柱。立柱采用 200mm×200mm 型钢，立杆上部焊接 500mm×200mm×10mm 的钢板，以 M12 的螺栓连接桁架主梁，下部焊接 400mm×400mm×10mm 钢板。斜撑为 100mm×50mm 方钢，斜撑的两端焊接 150mm×200mm×10mm 的钢板，以 M12 的螺栓连接桁架主梁和立柱。

（3）构件化 PVC 绿色围墙

基础采用现浇混凝土，支架采用轻型薄壁钢型材，墙体采用工厂化生产的 PVC 扣板，现场采用装配式施工方法。

（4）预制装配式马道

立杆采用 159mm×5.0mm 钢管，立杆连接采用法兰连接，立杆预埋件采用同型号带法兰钢管，锚固入筏板混凝土深度 500mm，外露长度 500mm。立杆除埋入筏板的埋件部分，上层区域杆件在马道整体拆除时均可回收。马道楼梯梯段侧向主龙骨采用 16a 号热轧槽钢，梯段长度根据地下室楼层高度确定，每主体结构层高度内两跑楼梯，并保证楼板所在平面的休息平台高于楼板 200mm。踏步、休息平台、安全通道顶棚覆盖采用 3mm 花纹钢板，踏步宽 250mm，高 200mm，楼梯扶手立杆采用 30mm×30mm×3mm 方钢管（与梯段主龙骨螺栓连接），扶手采用 50mm×50mm×3mm 方钢管，扶手高度 1200mm，梯段与休息平台固定采用螺栓连接，梯段与休息平台随主体结构完成逐步拆除。

（5）装配式临时道路

装配式临时道路可采用预制混凝土道路板、装配式钢板、新型材料等，具有施工操作简单，占用场地少，便于拆装、移位，可重复利用，能降低施工成本，减少能源消耗和废弃物排放等优点。应根据临时道路的承载力和使用面积等因素确定尺寸。

7.7.2　技术指标

工具式定型化临时设施应工具化、定型化、标准化，具有装拆方便，可重复利用和安全可靠的性能；防护栏杆体系、防护棚经检测防护有效，符合设计安全要求。预制混凝土道路板适用于建设工程临时道路地基弹性模量≥40MPa，承受载重≤40t 施工运输车辆或单个轮压≤7t 的施工运输车辆路基上铺设使用；其他材质的装配式临时道路的承载力应符合设计要求。

7.7.3 适用范围

此项技术工业与民用建筑、市政工程等。

7.7.4 工程案例

北京新机场停车楼及综合服务楼、丽泽 SOHO、同仁医院（亦庄）、沈阳裕景二期，大连瑞恒二期、大连中和才华、沈阳盛京银行二标段、北京市昌平区神华技术创新基地、北京亚信联创全球总部研发中心等工程均采用了此项技术。

7.8 垃圾管道垂直运输技术

7.8.1 技术内容

垃圾管道垂直运输技术是指在建筑物内部或外墙外部设置封闭的大直径管道，将楼层内的建筑垃圾沿着管道靠重力自由下落，通过减速门对垃圾进行减速，最后落入专用垃圾箱内进行处理。

垃圾运输管道主要由楼层垃圾入口、主管道、减速门、垃圾出口、专用垃圾箱、管道与结构连接件等主要构件组成，可以将该管道直接固定到施工建筑的梁、柱、墙体等主要构件上，安装灵活，可多次周转使用。

主管道采用圆筒式标准管道层，管道直径控制在 500～1000mm 范围内，每个标准管道层分上下两层，每层 1.8m，管道高度可在 1.8～3.6m 之间进行调节，标准层上下两层之间用螺栓进行连接；楼层入口可根据管道距离楼层的距离设置转动的挡板；管道入口内设置一个可以自由转动的挡板，防止粉尘在各层入口处飞出。

管道与墙体连接件设置半圆轨道，能在 180°平面内自由调节，使管道上升后，连接件仍能与梁柱等构件相连；减速门采用弹簧板，上覆橡胶垫，根据自锁原理设置弹簧板的初始角度为 45°，每隔三层设置一处，来降低垃圾下落速度；管道出口处设置一个带弹簧的挡板；垃圾管道出口处设置专用集装箱式垃圾箱进行垃圾回收，并设置防尘隔离棚。垃圾运输管道楼层垃圾入口、垃圾出口及专用垃圾箱设置自动喷洒降尘系统。

建筑碎料（凿除、抹灰等产生的旧混凝土、砂浆等矿物材料及施工垃圾）

单件粒径尺寸不宜超过 100mm，重量不宜超过 2kg；木材、纸质、金属和其他塑料包装废料严禁通过垃圾垂直运输通道运输。

扬尘控制，通过在管道入口内设置一个可以自由转动的挡板，垃圾运输管道楼层垃圾入口、垃圾出口及专用垃圾箱设置自动喷洒降尘系统。

7.8.2 技术指标

垃圾管道垂直运输技术符合国家现行标准《建筑工程绿色施工规范》GB/T 50905—2014、《建筑工程绿色施工评价标准》GB/T 50604—2010 和《建筑施工现场环境与卫生标准》JGJ 146 - 2004 的标准要求。

7.8.3 适用范围

此项技术适用于多层、高层、超高层民用建筑的建筑垃圾竖向运输，高层、超高层使用时每隔 50~60m 设置一套独立的垃圾运输管道，设置专用垃圾箱。

7.8.4 工程案例

成都银泰广场、天津恒隆广场、天津鲁能绿荫里项目、通州中医院项目等均采用了此项技术。

7.9 透水混凝土与植生混凝土应用技术

7.9.1 透水混凝土

7.9.1.1 技术内容

透水混凝土是由一系列相连通的孔隙和混凝土实体部分骨架构成的具有透气和透水性的多孔混凝土，透水混凝土主要由胶结材和粗骨料构成，有时会加入少量的细骨料。从内部结构来看，主要靠包裹在粗骨料表面的胶结材浆体将骨料颗粒胶结在一起，形成骨料颗粒之间为点接触的多孔结构。

透水混凝土由于不用细骨料或只用少量细骨料，其粗骨料用量比较大，制备 1m³ 透水混凝土（成型后的体积），粗骨料用量在 0.93~0.97m³；胶结材在 300~400kg/m³，水胶比一般在 0.25~0.35。透水混凝土搅拌时应先加入部分拌合水（约占拌合水总量的 50%），搅拌约 30s 后加入减水剂等，再随着搅拌加入剩余水量，至拌合物工作性满足要求为止，最后的部分水量可根据拌合物的工作性情况有所控制。透水混凝土路面的铺装施工整平使用液压振动整平辊和抹光机等，对不同的拌合物和工程铺装要求，应该选择适当的振动整平方式并且施加合适的振动能，过振会降低孔隙率，施加振动能不足，可能导致颗粒粘结不牢固而影响到耐久性。

7.9.1.2　技术指标

透水混凝土拌合物的坍落度为 10～50mm，透水混凝土的孔隙率一般为 10%～25%，透水系数为 1～5mm/s，抗压强度在 10～30MPa；应用于路面不同的层面时，孔隙率要求不同，从面层到结构层再到透水基层，孔隙率依次增大；冻融的环境下其抗冻性不低于 D100。

7.9.1.3　适用范围

透水混凝土适用于严寒以外的地区；城市广场、住宅小区、公园休闲广场和园路、景观道路以及停车场等。在"海绵城市"建设工程中，可与人工湿地、下凹式绿地、雨水收集等组成"渗、滞、蓄、净、用、排"的雨水生态管理系统。

7.9.1.4　工程案例

西安大明宫世界文化遗址公园、上海世博会透水路面、西安世界花博会公园都实施大面积的透水混凝土路面。国家第一批"海绵城市"的济南、武汉、南宁、厦门、镇江等 16 个城市获得了大规模的应用。

7.9.2　植生混凝土

7.9.2.1　技术内容

植生混凝土是以水泥为胶结材，大粒径的石子为骨料制备的能使植物根系生长于其孔隙的大孔混凝土，它与透水混凝土有相同的制备原理，但由于骨料的粒径更大，胶结材用量较少，所以形成孔隙率和孔径更大，便于灌入植物种子和肥料以及植物根系的生长。

普通植生混凝土用的骨料粒径一般为 20.0～31.5mm，水泥用量为 200～300kg/m³，为了降低混凝土孔隙的碱度，应掺用粉煤灰、硅灰等低碱性矿物掺合料；骨料/胶材比为 4.5～5.5，水胶比为 0.24～0.32，旧砖瓦和再生混凝土骨料均可作为植生混凝土骨料，称为再生骨料植生混凝土。轻质植生混凝土利用陶粒作为骨料，可以用于植生屋面，在夏季，植生混凝土屋面较非植生混凝土的室内温度低约 2℃。

植生混凝土的制备工艺与透水混凝土本相同，但注意的是浆体粘度要合适，保证将骨料均匀包裹，不发生流浆离析或因干硬不能充分粘结的问题。

植生地坪的植生混凝土可以在现场直接铺设浇筑施工，也可以预制成多孔砌块后到现场用铺砌方法施工。

7.9.2.2 技术指标

植生混凝土的孔隙率为25%～35%，绝大部分为贯通孔隙；抗压强度要达到10MPa以上；屋面植生混凝土的抗压强度在3.5MPa以上，孔隙率25%～40%。

7.9.2.3 适用范围

普通植生混凝土和再生骨料植生混凝土多用于河堤、河坝护坡、水渠护坡、道路护坡和停车场等；轻质植生混凝土多用于植生屋面、景观花卉等。

7.9.2.4 工程案例

采用植生混凝土的工程案例有：上海嘉定区西江的河道整治工程中500m长河道护坡、吉林省梅河口市防洪堤迎水面5000m²的植生混凝土护坡、贵州省崇遵高速公路董公寺互通式立交匝道挡墙边植生混凝土坡、武夷山市建溪三期防洪工程9km堤体以植生混凝土10万m²迎水坡面护坡等。

7.10 混凝土楼地面一次成型技术

7.10.1 技术内容

地面一次成型工艺是在混凝土浇筑完成后，用φ150mm钢管压滚压平提浆，刮杠调整平整度，或采用激光自动整平、机械提浆方法，在混凝土地面初凝前铺撒耐磨混合料（精钢砂、钢纤维等），利用磨光机磨平，最后进行修饰工序。地面一次成型施工工艺与传统施工工艺相比具有避免地面空鼓、起砂、开裂等质量通病，增加了楼层净空尺寸，提高地面的耐磨性和缩短工期等优势，同时省却了传统地面施工中的找平层，对节省建材、降低成本效果显著。

7.10.2 技术指标

（1）冲筋：根据墙面弹线标高和混凝土面层厚度用∟40×63×4的角钢冲筋，并用作混凝土地面的侧模，角钢用膨胀螺栓（@1000mm）固定在结构板上，用激光水准仪进行二次抄平；

（2）铺撒耐磨混合料：混合料撒布的时机随气候、温度和混凝土配合比等因素而变化。撒布过早会使混合料沉入混凝土中而失去效果；撒布太晚混凝土已凝固，会失去粘结力，使混合料无法与混凝土粘合而造成剥离；判别混合料撒布时间的方法是脚踩其上，约下沉5mm时，即可开始第一次撒布施工。墙、门、柱和模板等边线处水分消失较快，宜优先撒布施工，以防因失水而降低效果。第一次撒布量是全部用量的 2/3，拌合应均匀落下，不能用力抛而致分离，撒布后用木抹子抹平。拌合料吸收一定的水分后，再用磨光机除去转盘碾磨分散并与基层混凝土浆结合在一起；第二次撒布时，先用靠尺或平直刮杆衡量水平度，并调整第一撒布不平处，第二次方向应于第一次垂直。第二次撒布量为全部用量的 1/3，撒布后立即抹平，磨光，并重复磨光机作业至少两次，磨光机作业时应纵横相交错进行，均匀有序，防止材料聚集；

（3）表面修饰。磨光机作业后面层仍存在磨纹较凌乱，为消除磨纹最后采用薄钢抹子对面层进行有序方向的人工压光，完成修饰工序；

（4）养护及模板拆除。地面面层施工完成 24h 后进行洒水养护，在常温条件下连续养护不得少于 7d；养护期间严禁上人；施工完成 24h 后进行角钢侧模拆除，应注意不得损伤地面边缘；

（5）切割分隔缝。为避免结构柱周围地面开裂，必须在结构柱等应力集中处设置分格缝，缝宽 5mm，分隔缝在地面混凝土强度达到 70% 后（完工后 5d 左右），用砂轮切割机切割；柱距大于 6m 的地面须在轴线中切割一条分格缝，切割深度应至少为地面厚度的 1/5。填缝材料采用弹性树脂等材料；

7.10.3　适用范围

停车场、超市、物流仓库及厂房地面工程等均适用混凝土楼地面一次成型技术。

7.10.4　工程案例

抚顺罕王微机电高科技产业园项目、沈阳友谊时代广场项目、大连富丽华项目、邯郸友谊时代广场等工程均采用了此项技术。

7.11　建筑物墙体免抹灰技术

7.11.1　技术内容

建筑物墙体免抹灰技术是指通过采用新型模板体系、新型墙体材料或采用预制墙体，使墙体表面允许偏差、观感质量达到免抹灰或直接装修的质量水平。现浇混凝土墙体、砌筑墙体及装配式墙体通过现浇、新型砌筑、整体装配等方式使外观质量及平整度达到准清水混凝土墙、新型砌筑免抹灰墙、装饰墙的效果。

现浇混凝土墙体是通过材料配制、细部设计、模板选择及安拆，混凝土拌制、浇筑、养护、成品保护等诸多技术措施，使现浇混凝土墙达到准清水免抹灰效果。

对非承重的围护墙体和内隔墙可采用免抹灰的新型砌筑技术，采用粘接砂浆砌筑，砌块尺寸偏差控制为 1.5～2mm，砌筑灰缝为 2～3mm。对内隔墙也可采用高质量预制板材，现场装配式施工，刮腻子找平。

7.11.2 技术指标

（1）现浇混凝土墙体是通过材料配制、细部设计、模板选择及安拆，混凝土拌制、浇筑、养护、成品保护等诸多技术措施，使现浇混凝土墙达到准清水免抹灰效果；准清水混凝土墙技术要求参见表 7.11-1。

表 7.11-1 准清水混凝土技术要求

项次	项 目		允许偏差（mm）	检查方法	说明
1	轴线位移（柱、墙、梁）		5	尺量	表面平整密实、无明显裂缝，无粉化物，无起砂、蜂窝、麻面和孔洞，气泡尺寸不大于 10mm，分散均匀。
2	截面尺寸（柱、墙、梁）		±2	尺量	
3	垂直度	层高	5	坠线	
		全高	30		
4	表面平整度		3	2m 靠尺、塞尺	
5	角、线顺直		4	线坠	
6	预留洞口中心线位移		5	拉线、尺量	
7	接缝错台		2	尺量	
8	阴阳角方正		3		

（2）新型砌筑免抹灰墙体技术要求参见表 7.11-2。

表 7.11-2 新型砌筑墙技术要求

项次	项目		允许偏差（mm）	检验方法	说明
1	砌块尺寸允许偏差	长度	±2	——	新型砌筑是采用粘接砂浆砌筑的墙体，砌块尺寸偏差为 1.5～2mm，灰缝为 2～3mm
		宽（厚）度	±1.5		
		高度	±1.5		
2	砌块平面弯曲		不允许	——	
3	墙体轴线位移		5	尺量	
4	每层垂直度		3	2m 托线板、吊垂线	
5	全高垂直度≤10m		10	经纬仪，吊垂线	
6	全高垂直度＞10m		20	经纬仪，吊垂线	
7	表面平整度		3	2m 靠尺和塞尺	

7.11.3 适用范围

此项技术适应用于工业与民用建筑的墙体工程。

7.11.4 工程案例

杭州国际博览中心、北京市顺义区中国航信高科技产业园区、北京雁栖湖国际会都（核心岛）会议中心、华都中心等工程均采用了此项技术。

8 防水技术与围护结构节能

8.1 防水卷材机械固定施工技术

8.1.1 聚氯乙烯（PVC）、热塑性聚烯烃（TPO）防水卷材机械固定施工技术

8.1.1.1 技术内容

机械固定即采用专用固定件，如金属垫片、螺钉、金属压条等，将聚氯乙烯（PVC）或热塑性聚烯烃（TPO）防水卷材以及其他屋面层次的材料机械固定在屋面基层或结构层上。机械固定包括点式固定方式和线性固定方式。固定件的布置与承载能力应根据实验结果和相关规定严格设计。

聚氯乙烯（PVC）或热塑性聚烯烃（TPO）防水卷材的搭接是由热风焊接形成连续整体的防水层。焊接缝是因分子链互相渗透、缠绕形成新的内聚焊接链，强度高于卷材且与卷材同寿命。

点式固定即使用专用垫片或套筒对卷材进行固定，卷材搭接时覆盖住固定件。

线性固定即使用专用压条和螺钉对卷材进行固定，使用防水卷材覆盖条对压条进行覆盖。

8.1.1.2 技术指标

（1）屋面为压型钢板的基板厚度不宜小于 0.75mm，且基板最小厚度不应小于 0.63mm，当基板厚度在 0.63～0.75mm 时应通过固定钉拉拔试验；钢筋混凝土板的厚度不应小于 40mm，强度等级不应小于 C20，并应通过固定钉拉拔试验；

（2）聚氯乙烯（PVC）防水卷材的物理性能应满足现行国家标准《聚氯乙烯（PVC）防水卷材》GB 12952 要求，热塑性聚烯烃（TPO）防水卷材物理性能指标应满足现行国家标准《热塑性聚烯烃（TPO）防水卷材》GB 27789 要求，主要性能指标见表 8.1-1、表 8.1-2。

表 8.1-1　聚氯乙烯（PVC）防水卷材主要性能

试验项目		性能要求
最大拉力/（N/cm）		≥250
最大拉力时延伸率（%）		≥15
热处理尺寸变化率（%）		≤0.5
低温弯折性		-25℃，无裂纹
不透水性（0.3MPa，2h）		不透水
接缝剥离强度（N/mm）		≥3.0
人工气候加速老化（2500h）	最大拉力保持率/%	≥85
	伸长率保持率/%	≥80
	低温弯折性（-20℃）	无裂纹

表 8.1-2　热塑性聚烯烃（TPO）防水卷材主要性能

试验项目		性能要求
最大拉力（N/cm）		≥250
最大拉力时延伸率（%）		≥15
热处理尺寸变化率（%）		≤0.5
低温弯折性		-40℃，无裂纹
不透水性（0.3MPa，2h）		不透水
接缝剥离强度（N/mm）		≥3.0
人工气候加速老化（2500h）	最大拉力保持率（%）	≥90
	伸长率保持率（%）	≥90
	低温弯折性（℃）	-40，无裂纹

8.1.1.3　适用范围

此项技术适用于厂房、仓库和体育场馆等低坡大跨度或坡屋面的新屋面及翻新屋面的建筑防水工程。

8.1.1.4　工程案例

五棵松体育馆、上汽依维柯红岩商用车项目新建厂房一期、新中国国际展览中心、广州丰田扩能项目厂房、大连英特尔芯片工厂、奇瑞路虎工厂、沈阳宝马新工厂、天津西青区体育馆等工程均采用了此项技术。

8.1.2　三元乙丙（EPDM）、热塑性聚烯烃（TPO）、聚氯乙烯（PVC）防水卷材无穿孔机械固定技术

8.1.2.1　技术内容

无穿孔机械固定技术与常规机械固定技术相比，固定卷材的螺钉没有穿透

卷材，因此称之为无穿孔机械固定。

三元乙丙（EPDM）防水卷材（表8.1-3）无穿孔机械固定技术采用将增强型机械固定条带（RMA）用压条（表8.1-4）、垫片机械固定在轻钢结构屋面或混凝土结构屋面基面上，然后将宽幅三元乙丙橡胶防水卷材（EPDM）粘贴到增强型机械固定条带（RMA）上，相邻的卷材用自粘接缝搭接带粘结而形成连续的防水层。

热塑性聚烯烃（TPO）、聚氯乙烯（PVC）防水卷材无穿孔机械固定技术采用将无穿孔垫片机械固定在轻钢结构屋面或混凝土结构屋面基面上，无穿孔垫片上附着与TPO/PVC焊接的特殊涂层，利用电感焊接技术将TPO/PVC焊接于无穿孔垫片上，防水卷材的搭接是由热风焊接形成连续整体的防水层。

8.1.2.2　技术指标

根据风速、建筑物所在区域、建筑物规格、基层类型、屋面结构层次等因素，计算机械固定密度，并在屋面不同部位，分别设计边区、角区和中区，按不同密度进行固定。抗风荷载性能是机械固定技术非常关键的指标。

热塑性聚烯烃（TPO）、聚氯乙烯（PVC）防水卷材防水卷材与无穿孔垫片焊接后的拉拔力均不小于2500N。

表8.1-3　增强型机械固定条带（RMA）和搭接带的技术要求及主要性能

项　目	增强型三元乙丙	搭接带（两边）
基本材料	三元乙丙橡胶	合成橡胶
厚度（mm）	1.52	0.63
宽度（mm）	245	76
持粘性（min）		≥20
耐热性（80℃，2h）		无流淌、无龟裂、无变形
低温柔性（℃）		—40℃，无裂纹
剪切状态下粘合性（卷材）（N/mm）		≥2.0
剥离强度（卷材）（N/mm）		≥0.5
热处理剥离强度保持率（卷材，80℃，168h）		≥80

表8.1-4　三元乙丙橡胶（EPDM）防水卷材主要性能

试验项目		性能要求	
		无增强	内增强
最大拉力/（N/10mm）		—	≥200
拉伸强度（MPa）	23℃	≥7.5	—
	60℃	≥2.3	—
最大拉力时伸长率/%		—	≥15

续表

试验项目		性能要求	
		无增强	内增强
断裂伸长率（%）	23℃	≥450	—
	−20℃	≥200	—
钉杆撕裂强度（横向）/N		≥200	≥500
撕裂强度/（KN/m）		≥25	—
低温弯折性		−40℃，无裂纹	−40℃，无裂纹
臭氧老化（500pphm，40℃，50%，168h）		无裂纹（伸长率50%时）	无裂纹（伸长率0时）
热处理尺寸变化率（80℃，168h）（%）		≤1	≤1
接缝剥离强度（N/mm）		≥2.0 或卷材破坏	≥2.0 或卷材破坏
浸水后接缝剥离强度保持率（常温浸水，168h）		≥7.0 或卷材破坏	≥7.0 或卷材破坏
热空气老化（80℃，168h）	拉力（强度）保持率（%）	≥80	≥80
	延伸率保持率（%）	≥70	≥70
	低温弯折性/℃	−35	−35
耐碱性（饱和 Ca（OH）$_2$）	拉力（强度）保持率（%）	≥80	≥80
	延伸率保持率（%）	≥80	≥80
人工气候加速老化（2500h）	拉力（强度）保持率（%）	≥80	≥80
	延伸率保持率（%）	≥70	≥70
	低温弯折性（℃）	−35	−35

8.1.2.3　适用范围

此项技术适用于轻钢屋面、混凝土屋面工程防水。

8.1.2.4　工程案例

北京卡夫饼干厂、苏州齐梦达芯片厂、天津空客 A320 总装厂、沈阳宝马厂房、石家庄格力电器厂房、安徽巢湖储备粮库、北京奔驰涂装车间等工程均采用了此项技术。

8.2　地下工程预铺反粘防水技术

8.2.1　技术内容

地下工程预铺反粘防水技术创新点包括材料设计及施工两部分。

地下工程预铺反粘防水技术所采用的材料是高分子自粘胶膜防水卷材，该卷材系在一定厚度的高密度聚乙烯卷材基材上涂覆一层非沥青类高分子自粘胶层和耐候层复合制成的多层复合卷材；其特点是具有较高的断裂拉伸强度和撕裂强度，胶膜的耐水性好，一、二级的防水工程单层使用时也可达到防水要求。采用预铺反粘法施工时，在卷材表面的胶粘层上直接浇筑混凝土，混凝土固化后，与胶粘层形成完整连续的粘结。这种粘结是由混凝土浇筑时水泥浆体与防水卷材整体合成胶相互勾锁而形成。高密度聚乙烯主要提供高强度，自粘胶层提供良好的粘结性能，可以承受结构产生的裂纹影响。耐候层既可以使卷材在施工时可适当外露，同时提供不粘的表面供施工人员行走，使得后道工序可以顺利进行。

8.2.2 技术指标

见表 8.2。

表 8.2 主要物理力学性能指标

项 目		指标
拉力/（N/50mm）		≥500
膜断裂伸长率（%）		≥400
低温弯折性		−25℃，无裂纹
不透水性		0.4MPa，120min，不透水
冲击性能		直径（10±0.1）mm，无渗漏
钉杆撕裂强度（N）		≥400
防窜水性		0.6MPa，不窜水
与后浇混凝土剥离强度（N/mm）	无处理	≥2.0
	水泥粉污染表面	≥1.5
	泥沙污染表面	≥1.5
	紫外线老化	≥1.5
	热老化	≥1.5
与后浇混凝土浸水后剥离强度，（N/mm）		≥1.5
热老化（70℃，168h）	拉力保持率（%）	≥90
	伸长率保持率（%）	≥80
	低温弯折性	−23℃，无裂纹

8.2.3 适用范围

此项技术适用于地下工程底板和侧墙外防内贴法防水。

8.2.4　工程案例

此项技术的主要工程案例有：北京地铁十号线农展馆站、北京地铁四号线知春路站、北京 LG 大厦、北京宝洁研发中心、上海联合利华研发中心、上海陶氏化工研发大楼、大连奥林匹克广场、无锡机场候机楼、南京光进湖别墅。

8.3　预备注浆系统施工技术

8.3.1　技术内容

预备注浆系统是地下建筑工程混凝土结构接缝防水施工技术。注浆管可采用硬质塑料或硬质橡胶骨架注浆管、不锈钢弹簧骨架注浆管。混凝土结构施工时，将具有单透性、不易变形的注浆管预埋在接缝中，当接缝渗漏时，向注浆管系统设定在构筑物外表面的导浆管端口中注入灌浆液，即可密封接缝区域的任何缝隙和孔洞，并终止渗漏。当采用普通水泥、超细水泥或者丙烯酸盐化学浆液时，系统可用于多次重复注浆。利用这种先进的预备注浆系统可以达到"零渗漏"效果。

预备注浆系统是由注浆管系统、灌浆液和注浆泵组成。注浆管系统由注浆管、连接管及导浆管、固定夹、塞子、接线盒等组成。注浆管分为一次性注浆管和可重复注浆管两种。

8.3.2　技术指标

（1）硬质塑料、橡胶管或螺纹管骨架注浆管的主要物理力学性能应符合表8.3-1 的要求；

表 8.3-1　硬质塑料或硬质橡胶骨架注浆管的物理性能

序号	项目	指标
1	注浆管外径偏差（mm）	±1.0
2	注浆管内径偏差（mm）	±1.0
3	出浆孔间距（mm）	≤20
4	出浆孔直径（mm）	3～5
5	抗压变形量（mm）	≤2
6	覆盖材料扯断永久变形（%）	≤10
7	骨架低温弯曲性能	−10℃，无脆裂

（2）不锈钢弹簧骨架注浆管的主要物理性能应符合表8.3-2的要求。

表8.3-2 不锈钢弹簧骨架注浆管的物理性能

序号	项目	指标
1	注浆管外径偏差（mm）	±1.0
2	注浆管内径偏差（mm）	±1.0
3	不锈钢弹簧钢丝直径（mm）	≥1.0
4	滤布等效孔径 O_{95}（mm）	<0.074
5	滤布渗透系数 K_{20}（mm/s）	≥0.05
6	抗压强度（N/mm）	≥70
7	不锈钢弹簧钢丝间距圈（圈/10cm）	≥12

8.3.3 适用范围

预备注浆系统施工技术应用范围广泛，可以在施工缝、后浇带、新旧混凝土接触部位使用。主要应用于地铁、隧道、市政工程、水利水电工程、建（构）筑物。

8.3.4 工程案例

此项技术的主要工程案例有：北京地铁、上海地铁、深圳地铁、杭州地铁、成都地铁、厦门翔安海底隧道、国家大剧院、杭州大剧院。

8.4 丙烯酸盐灌浆液防渗施工技术

8.4.1 技术内容

丙烯酸盐化学灌浆液是一种新型防渗堵漏材料，它可以灌入混凝土的细微孔隙中，生成不透水的凝胶，充填混凝土的细微孔隙，达到防渗堵漏的目的。丙烯酸盐浆液通过改变外加剂及其加量可以准确地调节其凝胶时间，从而可以控制扩散半径。

8.4.2 技术指标

丙烯酸盐灌浆液及其凝胶主要技术指标应满足表8.4-1和表8.4-2要求。

表 8.4-1　丙烯酸盐灌浆液物理性能

序号	项目	技术要求	备注
1	外观	不含颗粒的均质液体	
2	密度（g/cm³）	生产厂控制值 ≤ ±0.05	
3	黏度（MPa·s）	≤10	
4	pH 值	6.0～9.0	
5	胶凝时间	可调	
6	毒性	实际无毒	按我国食品安全性毒理学评价程序和方法为无毒

表 8.4-2　丙烯酸盐灌浆液凝胶后的性能

序号	项目名称	技术要求	
		Ⅰ 型	Ⅱ 型
1	渗透系数（cm/s）	$< 1 \times 10^{-6}$	$< 1 \times 10^{-7}$
2	固砂体抗压强度（kPa）	≥200	≥400
3	抗挤出破坏比降	≥300	≥600
4	遇水膨胀率（%）	≥30	

8.4.3　适用范围

丙烯酸盐灌浆液防渗适用于矿井、巷道、隧洞、涵管止水；混凝土渗水裂隙的防渗堵漏；混凝土结构缝止水系统损坏后的维修；坝基岩石裂隙防渗帷幕灌浆；坝基砂砾石孔隙防渗帷幕灌浆；土壤加固；喷射混凝土施工。

8.4.4　工程案例

北京地铁机场线、北京地铁 10 号线、上海长江隧道、向家坝水电站、丹江口水电站、大岗山水电站、湖南省筱溪水电站等工程均采用了此项技术。

8.5　种植屋面防水施工技术

8.5.1　技术内容

种植屋面具有改善城市生态环境、缓解热岛效应、节能减排和美化空中景观的作用。种植屋面也称屋顶绿化，分为简单式屋顶绿化和花园式屋顶绿化。简单式屋顶绿化土壤层不大于 150mm 厚，花园式屋顶绿化土壤层可以大于

600mm 厚。一般构造为：屋面结构层、找平层、保温层、普通防水层、耐根穿刺防水层、排（蓄）水层、种植介质层以及植被层。要求耐根穿刺防水层位于普通防水层之上，避免植物的根系对普通防水层的破坏。目前有阻根功能的防水材料有：聚脲防水涂料、化学阻根改性沥青防水卷材、铜胎基—复合铜胎基改性沥青防水卷材、聚乙烯高分子防水卷材、热塑性聚烯烃（TPO）防水卷材、聚氯乙烯（PVC）防水卷材等。聚脲防水涂料采用双管喷涂施工；改性沥青防水卷材采用热熔法施工；高分子防水卷材采用热风焊接法施工。

8.5.2 技术指标

改性沥青类防水卷材厚度不小于 4.0mm，塑料类防水卷材不小于 1.2mm。

种植屋面系统用耐根穿刺防水卷材基本物理力学性能，应符合表 8.5-1 相应国家标准中的全部相关要求，尺寸变化率应符合表 8.5-2 中的规定。

表 8.5-1 现行国家标准及相关要求

序号	标 准	要 求
1	GB 18242	Ⅱ型全部相关要求
2	GB 18243	Ⅱ型全部相关要求
3	GB 12952	全部相关要求（外露卷材）
4	GB 27789	全部相关要求（外露卷材）
5	GB 18173.1	全部相关要求

种植屋面用耐根穿刺防水卷材应用性能指标应符合表 8.5-2 的要求。

表 8.5-2 应用性能

序号	项 目			技术指标
1	耐霉菌腐蚀性	防霉等级		0 级或 1 级
2	尺寸变化率（%）≤	匀质材料		2
		纤维、织物胎基或背衬材料		0.5
3	接缝剥离强度	改性沥青防水卷材	SBS	1.5
			APP	1.0
	无处理（N/mm）	塑料防水卷材	焊接	3.0 或卷材破坏
		热老化处理后保持率（%）≥		80 或卷材破坏

8.5.3 适用范围

种植屋面防水适用于建筑工程种植屋面和地下工程种植顶板。

8.5.4　工程案例

国家博物馆屋顶绿化工程、园林博物馆屋顶绿化工程、科技部节能示范楼屋顶绿化工程、北京市蓝色港湾屋顶绿化工程、天津市滨海新区管委会坡屋面屋顶绿化工程、上海市黄浦区政协人大屋顶绿化工程、厦门市中航紫金广场屋顶绿化工程、深圳市绿化管理处大楼屋顶绿化工程、成都市建设大厦屋顶绿化工程、陕西省西咸新区沣西新城管委会屋顶绿化工程、云南省昆明市碧鸡汽车文化博览园屋顶绿化工程均采用了种植屋面防水技术。

8.6　装配式建筑密封防水应用技术

8.6.1　技术内容

密封防水是装配式建筑应用的关键技术环节，直接影响装配式建筑的使用功能及耐久性、安全性。装配式建筑的密封防水主要指外墙、内墙防水，主要密封防水方式有材料防水、构造防水两种。

材料防水主要指各种密封胶及辅助材料的应用。装配式建筑密封胶主要用于混凝土外墙板之间板缝的密封，也用于混凝土外墙板与混凝土结构、钢结构的缝隙，混凝土内墙板间缝隙，主要为混凝土与混凝土、混凝土与钢之间的粘结。装配式建筑密封胶的主要技术性能如下：

（1）力学性能。由于外墙板接缝会因温湿度变化、混凝土板收缩、建筑物的轻微震荡等产生伸缩变形和位移移动，所以装配式建筑密封胶必须具备一定的弹性且能随着接缝的变形而自由伸缩以保持密封，经反复循环变形后还能保持并恢复原有性能和形状，其主要的力学性能包括位移能力、弹性恢复率及拉伸模量。

（2）耐久耐候性。我国建筑物的结构设计使用年限为 50 年，而装配式建筑密封胶用于装配式建筑外墙板，长期暴露于室外，因此对其耐久耐候性能就得格外关注，相关技术指标主要包括定伸粘结性、浸水后定伸粘结性和冷拉热压后定伸粘结性。

（3）耐污性。传统硅酮胶中的硅油会渗透到墙体表面，在外界的水和表面张力的作用下，使得硅油在墙体载体上扩散，空气中的污染物质由于静电作用而吸附在硅油上，就会产生接缝周围的污染。对有美观要求的建筑外立面，密封胶的耐污性应满足目标要求。

（4）相容性等其他要求。预制外墙板是混凝土材质，在其外表面还可能铺设保温材料、涂刷涂料及粘贴面砖等，装配式建筑密封胶与这几种材料的相容性是必须提前考虑的。

除材料防水外，构造防水常作为装配式建筑外墙的第二道防线，在设计应用时主要做法是在接缝的背水面，根据外墙板构造功能的不同，采用密封条形成二次密封，两道密封之间形成空腔。垂直缝部位每隔 2~3 层设计排水口。所谓两道密封，即在外墙的室内侧与室外侧均设计涂覆密封胶做防水。外侧防水主要用于防止紫外线、雨雪等气候的影响，对耐候性能要求高。而内侧二道防水主要是隔断突破外侧防水的外界水汽与内侧发生交换，同时也能阻止室内水流入接缝，造成漏水。预制构件端部的企口构造也是构造防水的一部分，可以与两道材料防水、空腔排水口组成的防水系统配合使用。

外墙产生漏水需要三个要素：水、空隙与压差，破坏任何一个要素，就可以阻止水的渗入。空腔与排水管使室内外的压力平衡，即使外侧防水遭到破坏，水也可以排走而不进入室内。内外温差形成的冷凝水也可以通过空腔从排水口排出。漏水被限制在两个排水口之间，易于排查与修理。排水可以由密封材料直接形成开口，也可以在开口处插入排水管。

8.6.2　技术指标

装配式建筑密封防水主要技术指标如下：

（1）密封胶力学性能指标中位移能力、弹性恢复率及拉伸模量应满足指标要求，试验方法应符合国家现行标准《混凝土建筑接缝用密封胶》JC/T 881、《建筑硅酮密封胶》GB/T 14683 中的要求；

（2）密封胶耐久耐候性中的定伸粘结性、浸水后定伸粘结性和冷拉热压后定伸粘结性应满足指标要求，试验方法应符合国家现行标准《混凝土建筑接缝用密封胶》JC/T 881 及《硅酮建筑密封胶》GB/T 146836 的要求；

（3）密封胶耐污性应满足指标要求，试验方法可参考国家现行标准《石材用建筑密封胶》GB/T 23261 中的方法；

（4）密封防水的其他材料应符合有关标准的规定。

8.6.3　适用范围

装配式建筑密封防水应用技术适用于装配式建筑（混凝土结构、钢结构）中混凝土与混凝土、混凝土与钢的外墙板、内墙板的缝隙等部位的施工。

8.6.4　工程案例

国家体育场（鸟巢）、武汉琴台大剧院、北京奥运射击馆、中粮万科长阳半岛项目、五和万科长阳天地项目、天竺万科中心项目、清华苏世民书院项目、上海华润华发静安府项目、上海招商地产宝山大场项目、合肥中建海龙办公综合楼项目、上海青浦区 03－04 地块项目、上海地杰国际城项目、上海松江区国际生态商务区 14 号地块、上海中房滨江项目、青岛韩洼社区经济适用房等均采用了此项技术。

8.7　高性能外墙保温技术

8.7.1　石墨聚苯乙烯板外保温技术

8.7.1.1　技术内容

石墨聚苯乙烯板是在传统的聚苯乙烯板的基础上（表 8.7-1），通过化学工艺改进而成的产品。与传统聚苯乙烯相比具有导热系数更低、防火性能高的特点。石墨聚苯乙烯外墙保温系统（图 8.7）常用于建筑物外墙外侧，由胶粘剂、石墨聚苯乙烯板、锚栓、抹面胶浆、耐碱玻纤网格布、饰面层等组成。

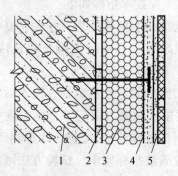

图 8.7　石墨聚苯乙烯/硬泡聚氨酯板外墙保温系统构造示意图
1—基层墙体；2—粘结层；3—石墨聚苯乙烯/硬泡聚氨酯板；4—抹面层；5—饰面层

8.7.1.2　技术指标

石墨聚苯乙烯板保温系统应符合《外墙外保温工程技术规程》JGJ 144 的要求，可参考《模塑聚苯板薄抹灰外墙外保温系统材料》GB/T 29906 中的性能要求。

表 8.7-1 石墨聚苯乙烯板基本性能指标

性能指标	
密度（kg/m³）	≥18
压缩强度（10%变形）（kPa）	≥100
导热系数 [（W/（m·K）]	≤0.033
燃烧性能等级	B1 级

8.7.1.3 适用范围

石墨聚苯乙烯板适用于新建建筑和既有建筑节能改造中各种主体结构的外墙外保温，适宜在严寒、寒冷和夏热冬冷地区使用。

8.7.1.4 工程案例

北京、沈阳、天津、青岛、西安、南通等地的工程项目均有使用石墨聚苯乙烯板外保温系统。

8.7.2 硬泡聚氨酯板外保温技术

8.7.2.1 技术内容

聚氨酯是由双组份混合反应形成的具有保温隔热功能的硬质泡沫塑料。聚氨酯硬泡保温板是以聚氨酯硬泡为芯材，两面覆以非装饰面层，在工厂成型的保温板材。由于硬泡聚氨酯板采用工厂预先发泡成型的技术，因此硬泡聚氨酯板外保温系统与现场喷涂施工相比具有不受气候干扰、质量保证率高的优点。硬泡聚氨酯板外墙保温系统（图 8.7）常用于建筑物外墙外侧，由胶粘剂、聚氨酯板、锚栓、抹面胶浆、耐碱玻纤网格布、饰面层等组成。

8.7.2.2 技术指标

聚氨酯外保温系统应符合国家现行标准《外墙外保温工程技术规程》JGJ 144、《硬泡聚氨酯保温防水工程技术规范》GB 50404、《硬泡聚氨酯板薄抹灰外墙外保温系统材料》JGT 420、《膨胀聚苯板薄抹灰外墙外保温系统》JG149 的相关要求。硬泡聚氨酯板保温系统性能指标见表 8.7-2。

表 8.7-2 硬泡聚氨酯板外保温系统性能指标

项目	性能指标
抗风压值	系统抗风压值不小于工程项目的风荷载设计值，且安全系数 K 值不小于1.5
抗冲击强度	建筑物首层墙面以及门窗口等易受碰撞部位：≥10J 级；建筑物二层以上墙面等部位：≥3J 级

项目	性能指标
吸水量（浸水 1h）（g/m²）	＜1000
耐冻融性能	30 次冻融循环后，抹面层无裂纹、空鼓、脱落现象；保护层与保温层拉伸粘结强度不小于 0.1MPa，破坏部位应位于保温层
耐候性	经 80 次高温（70℃）－淋水（15℃）循环和 5 次加热（50℃）－冷冻（－20℃）循环后，无饰面层起泡或剥落、保护层空鼓或脱落，无产生渗水裂缝

8.7.2.3 适用范围

硬泡聚氨酯板外保温系统适用于新建建筑和既有建筑节能改造中各种主体结构的外墙外保温，适宜在严寒、寒冷和夏热冬冷地区使用。

8.7.2.4 工程案例

北京市海淀区老旧小区改造工程。在北京、沈阳、天津、青岛、西安、南京、上海等地工程中均有使用硬泡聚氨酯板外保温系统。

8.8 高效外墙自保温技术

8.8.1 技术内容

常用自保温体系以蒸压加气混凝土、陶粒增强加气砌块、硅藻土保温砌块（砖）、蒸压粉煤灰砖、淤泥及固体废弃物制保温砌块（砖）和混凝土自保温（复合）砌块等为墙体材料，并辅以相应的节点保温构造措施。高效外墙自保温体系对墙体材料提出了更高的热工性能要求，以满足夏热冬冷地区和夏热冬暖地区节能设计标准的要求。

8.8.2 技术指标

高效外墙自保温主要技术性能参见表 8.8，其他技术性能参见《蒸压加气混凝土砌块》GB/T 11968、《蒸压加气混凝土应用技术规程》JGJ 17 和《烧结多孔砖和多孔砌块》GB 13544 的标准要求；节能设计参见《公共建筑节能设计标准》GB 50189、《夏热冬冷地区居住建筑节能设计标准》JGJ 134、《夏热冬暖地区居住建筑节能设计标准》JGJ 75 等标准的要求，同时需满足各地地方标准要求。

表 8.8　自保温体系的墙体材料技术指标

项目	指标
干体积密度/kg/m³	425～825
抗压强度/MPa	≥3.5，且符合对应标准等级的抗压强度要求
导热系数（W/m·K）	≤0.2
体积吸水率/%	15～25

8.8.3　适用范围

高效外墙自保温技术适用于夏热冬冷地区和夏热冬暖地区的建筑外墙、分户墙等，可用于高层建筑的填充墙或低层建筑的承重墙体。

8.8.4　工程案例

苏州高新区科技城文体中心、南京碧堤湾畔花园小区、苏州工业园区独墅湖学校、苏州姑苏区金茂府小区、常州现代传媒中心等工程均采用了高效外墙自保温技术。

8.9　高性能门窗技术

8.9.1　高性能保温门窗

8.9.1.1　技术内容

高性能保温门窗是指具有良好保温性能的门窗，应用最广泛的主要包括高性能断桥铝合金保温窗、高性能塑料保温门窗和复合窗。

高性能断桥铝合金保温窗是在铝合金窗基础上为提高门窗保温性能而推出的改进型门窗，通过尼龙隔热条将铝合金型材分为内外两部分，阻隔铝合金框材的热传导。同时框材再配上 2 腔或 3 腔的中空结构，腔壁垂直于热流方向分布，多道腔壁对通过的热流起到多重阻隔作用，腔内传热（对流、辐射和导热）相应被削弱，特别是辐射传热强度随腔数量增加而成倍减少，使门窗的保温效果大大提高。高性能断桥铝合金保温门窗采用的玻璃主要采用中空 Low－E 玻璃、三玻双中空玻璃及真空玻璃。

高性能塑料保温门窗，即采用 U－PVC 塑料型材制作而成的门窗。塑料型材本身具有较低的导热性能，使得塑料窗的整体保温性能大大提高。另外通过增加门窗密封层数、增加塑料异型材截面尺寸厚度、增加塑料异型材保温腔室、采用质量好的五金件等方式来提高塑料门窗的保温性能。同时为增加窗的刚性，在塑料窗窗框、窗扇、梃型材的受力杆件中，使用增强型钢增加了窗户的强度。高性能塑料保温门窗采用的玻璃主要采用中空 Low – E 玻璃、三玻双中空玻璃及真空玻璃。

复合窗是指型材采用两种不同材料复合而成，使用较多的复合窗主要是铝木复合窗和铝塑复合窗。铝木复合窗是以铝合金挤压型材为框、梃、扇的主料作受力杆件（承受并传递自重和荷载的杆件），另一侧覆以实木装饰制作而成的窗，由于实木的导热系数较低，因而使得铝木复合窗整体的保温性能大大提高。铝塑复合窗是用塑料型材将室内外两层铝合金既隔开又紧密连接成一个整体，由于塑料型材的导热系数较低，所以做成的这种铝塑复合窗保温性能也大大提高。复合窗采用的玻璃主要采用中空 Low – E 玻璃、三玻双中空及真空玻璃。

8.9.1.2　技术指标

公共建筑使用的门窗的传热系数应符合《公共建筑节能设计标准》GB 50189 的规定，其限值不得大于标准中表 3.4.1-3 的规定。

居住建筑使用的门窗按所在气候区的不同，其传热系数应相应符合《严寒和寒冷地区居住建筑节能设计标准》JGJ 26、《夏热冬暖地区居住建筑节能设计标准》JGJ 75 和《夏热冬冷地区居住建筑节能设计标准》JGJ 134 的规定，不应高于门窗的最大限值要求。

8.9.1.3　适用范围

高性能门窗适应用于公共建筑、居住建筑，广泛应用于低能耗建筑、绿色建筑、被动房等对门窗保温性能要求极高的建筑。

8.9.1.4　工程案例

中国建筑科研院节能示范楼、河北高碑店中国门窗城、中德合作被动式低能耗示范建筑"在水一方"、绿色居住建筑三星项目"昆明市 2012 年大漾田市级统建公共租赁住房项目"、绿色公共建筑三星项目"中国石油大厦"等均采用了高性能门窗。

8.9.2　耐火节能窗

8.9.2.1　技术内容

耐火节能窗技术是针对现行国家标准《建筑设计防火规范》GB 50016 对高层建筑中部分外窗应具有耐火完整性要求研发而成。建筑外窗作为建筑物外围护结构的开口部位，是火灾竖向蔓延的重要途径之一，外窗的防火性能已成为阻止高层建筑火灾层间蔓延的关键因素；同时建筑外窗也是建筑物与外界进行热交换和热传导的窗口，因此在高层建筑上应用同时具备耐火和节能性能的窗，有重大的工程应用价值。

耐火窗是指在规定时间内，能满足耐火完整性要求的窗。目前市场上主流的建筑外窗，如断桥铝合金窗、塑钢窗等，经采取一定的技术手段，可实现耐火完整性不低于 0.5h 的要求。对有耐火完整性要求的建筑外窗，所用玻璃最少有一层应符合现行国家标准《建筑用安全玻璃第 1 部分防火玻璃》GB 15763 的规定，耐火完整性达到 C 类不小于 0.5h 的要求。

外窗型材所用的加强钢或其他增强材料应连接成封闭的框架。在玻璃镶嵌槽口内宜采取钢质构件固定玻璃，该构件应安装在增强型材料钢主骨架上，防止玻璃受火软化后脱落窜火，失去耐火完整性。耐火窗所使用的防火膨胀密封条、防火密封胶、门窗密封件、五金件等材料，应是不燃或难燃材料，其燃烧性能应符合现行国家标准的要求。

耐火窗可以采用湿法和干法安装，与普通窗洞口安装不一样的地方就是在洞口与窗框之间的密封要采用防火阻燃密封材料（如防火密封胶）。

8.9.2.2　技术指标

高层建筑耐火节能窗的耐火完整性按照现行国家标准《镶玻璃构件耐火试验方法》GB/T 12513 试验，其耐火完整性不小于 0.5h。

按照现行国家标准《建筑外门窗保温性能分级及检测方法》GB/T 8484 的规定进行试验，其传热系数可以满足工程设计要求。

8.9.2.3　适用范围

（1）住宅建筑

建筑高度大于 27m，但不大于 100m，当其外墙外保温系统采用 B1 级保温材料时，其建筑外墙上门、窗的耐火完整性不应小于 0.5h；建筑高度不大于 27m，当其外墙外保温系统采用 B2 级保温材料时，其建筑外墙上门、窗的耐火完整性不应小于 0.5h。

建筑高度大于 54m 的住宅建筑，每户应有一间房间的外窗耐火完整性不宜小于 1.0h。

（2）除住宅建筑外的其他建筑（未设置人员密集场所）

建筑高度大于 24m，但不大于 50m，当其外墙外保温系统采用 B1 级保温材料时，其建筑外墙上门、窗的耐火完整性不应小于 0.5h；

建筑高度不大于 24m，当其外墙外保温系统采用 B2 级保温材料时，其建筑外墙上门和窗的耐火完整性不应小于 0.5h。

8.9.2.4　工程案例

苏州郡、太原恒大翡翠城、中山中交南山美庐、泰安恒大城、葫芦岛-山河半岛均使用了耐火节能窗。

8.10 一体化遮阳窗

8.10.1 技术内容

遮阳是控制夏季室内热环境质量、降低制冷能耗的重要措施。遮阳装置多设置于建筑透光围护结构部位，以最大限度地降低直接进入室内的太阳辐射。将遮阳装置与建筑外窗一体化设计便于保证遮阳效果、简化施工安装、方便使用保养，并符合国家建筑工业化产业政策导向。

活动遮阳产品与门窗一体化设计，主要受力构件或传动受力装置与门窗主体结构材料或与门窗主要部件设计、制造、安装成一体，并与建筑设计同步的产品。主要产品类型有：内置百叶一体化遮阳窗、硬卷帘一体化遮阳窗、软卷帘一体化遮阳窗、遮阳篷一体化遮阳窗和金属百叶帘一体化遮阳窗等。

分类如下：

（1）按遮阳位置分外遮阳、中间遮阳和内遮阳；

（2）按遮阳产品类型分内置遮阳中空玻璃、硬卷帘、软卷帘、遮阳篷、百叶帘及其他；

（3）按操作方式分电动、手动和固定。

8.10.2 技术指标

影响一体化遮阳窗性能的指标有操作力性能、机械耐久性能、抗风压性能、水密性能、气密性能、隔声性能、遮阳系数（表 8.10-1）、传热系数（表 8.10-2）、耐雪荷载性能等详见现行国家标准《建筑一体化遮阳窗》JG/T 500，施工时应符合现行国家标准《建筑遮阳工程技术规范》JGJ 237。

表 8.10-1 遮阳性能分级

分级	2	3	4
指标值	0.6 < SC ≤ 0.7	0.5 < SC ≤ 0.6	0.4 < SC ≤ 0.5
分级	5	6	7
指标值	0.3 < SC ≤ 0.4	0.2 < SC ≤ 0.3	SC ≤ 0.2

注：一体化遮阳窗遮阳性能以遮阳部件收回、伸展状态下遮阳系数 SC 表示。

表 8.10-2　传热系数分级

分级	1	2	3	4	5
分级指标值 $[W/(m^2 \cdot K)]$	$K \geqslant 5.0$	$5.0 > K \geqslant 4.0$	$4.0 > K \geqslant 3.5$	$3.5 > K \geqslant 3.0$	$3.0 > K \geqslant 2.5$
分级	6	7	8	9	10
分级指标值 $[W/(m^2 \cdot K)]$	$2.5 > K \geqslant 2.0$	$2.0 > K \geqslant 1.6$	$1.6 > K \geqslant 1.3$	$1.3 > K \geqslant 1.1$	$K < 1.1$

注：一体化遮阳窗保温性能以遮阳部件收回、伸展状态下窗传热系数 K 值表示。

8.10.3　适用范围

一体化遮阳窗适合于我国寒冷、夏热冬冷、夏热冬暖、温和等地区的工业与民用建筑。

8.10.4　工程案例

江苏省绿色建筑博览园、南京怡康街招商地产雍华府项目、南京麒麟山庄小区、苏州正荣国领项目、海门龙信广场均使用了一体化遮阳窗。

9 抗震、加固与监测技术

9.1 消能减震技术

9.1.1 技术内容

消能减震技术是将结构的某些构件设计成消能构件，或在结构的某些部位装设消能装置。在风或小震作用时，结构具有足够的侧向刚度以满足正常使用要求；当出现大风或大震作用时，随着结构侧向变形的增大，消能构件或消能装置率先进入非弹性状态，产生较大阻尼，大量消耗输入结构的地震或风振能量，使主体结构避免出现明显的非弹性状态，且迅速衰减结构的地震或风振反应（位移、速度、加速度等），保护主体结构及构件在强地震或大风中免遭破坏或倒塌，达到减震抗震的目的。

消能部件一般由消能器、连接支撑和其他连接构件等组成。

消能部件中的消能器（又称阻尼器）分为速度相关型如黏滞流体阻尼器、黏弹性阻尼器、黏滞阻尼墙、黏弹性阻尼墙；位移相关型如金属屈服型阻尼器、摩擦阻尼器等和其他类型，如调频质量阻尼器（TMD）、调频液体阻尼器（TLD）等。

采用消能减震技术的结构体系与传统抗震结构体系相比，具有更高安全性、经济性和技术合理性。

9.1.2 技术指标

建筑结构消能减震设计方案，应根据建筑抗震设防类别、抗震设防烈度、场地条件、建筑结构方案和建筑使用要求，与采用抗震设计的设计方案进行技术和经济可行性的对比分析后确定。采用消能减震技术结构体系的设计、施工、验收和维护应按现行国家标准《建筑抗震设计规范》GB 50011 和《建筑消能建筑技术规程》JGJ 297 进行，设计安装做法可参考国家建筑标准设计图集《建筑结构消能减震（振）设计》09SG610 -2，其产品应符合现行行业标准《建筑消能阻尼器》JG/T 209 的规定。

9.1.3　适用范围

消能减震技术主要应用于多高层建筑，高耸塔架，大跨度桥梁，柔性管道、管线（生命线工程），既有建筑的抗震（或抗风）性能的改善，文物建筑及有纪念意义的建（构）筑物的保护等。

9.1.4　工程案例

江苏省宿迁市建设大厦、北京威盛大厦等新建工程，以及北京火车站、北京展览馆、西安长乐苑招商局广场 4 号楼等加固改造工程都采用了消能减震技术。

9.2　建筑隔震技术

9.2.1　技术内容

基础隔震系统是通过在基础和上部结构之间，设置一个专门的隔震支座和耗能元件（如铅阻尼器、油阻尼器、钢棒阻尼器、黏弹性阻尼器和滑板支座等），形成刚度很低的柔性底层，称为隔震层。通过隔震层的隔震和耗能元件，使基础和上部结构断开，将建筑物分为上部结构、隔震层和下部结构三部分，延长上部结构的基本周期，从而避开地震的主频带范围，使上部结构与水平地面运动在相当程度上解除了耦连关系，同时利用隔震层的高阻尼特性，消耗输入地震的能量，使传递到隔震结构上的地震作用进一步减小，提高隔震建筑的安全性。目前除基础隔震外，人们对层间隔震的研究和应用也越来越多。

隔震技术已经系统化、实用化，它包括摩擦滑移系统、叠层橡胶支座系统、摩擦摆系统等，其中目前工程界最常用的是叠层橡胶支座隔震系统。这种隔震系统，性能稳定可靠，采用专门的叠层橡胶支座作为隔震元件，是由一层层的薄钢板和橡胶相互叠置，经过专门的硫化工艺粘合而成，其结构、配方、工艺需要特殊的设计，属于一种橡胶厚制品。目前常用的橡胶隔震支座有天然橡胶支座、铅芯橡胶支座、高阻尼橡胶支座等。

9.2.2　技术指标

采用隔震技术后的上部结构地震作用一般可减小 3～6 倍，地震时建筑物上部结构的反应以第一震型为主，类似于刚体平动。其地震反应很小，结构构件和内部设备都不会发生破坏或丧失正常的使用功能，在内部工作和生活的人员不仅不会遭受伤害，也不会感受到强烈的摇晃，强震发生后人员无需疏散，房屋无需修理或仅需一般修理，从而保证建筑物的安全甚至避免非结构构件如设备、装修破坏等次生灾害的发生。

建筑隔震设计方案，应根据建筑抗震设防类别、抗震设防烈度、场地条件、建筑结构方案和建筑使用要求，与采用抗震设计的设计方案进行技术、经济可行性的对比分析后确定。采用隔震技术结构体系的计算分析应按现行国家标准《建筑抗震设计规范》GB 50011 进行，设计安装做法可参考国家建筑标准设计图集《建筑结构隔震构造详图》03SG610-1，其产品应符合现行行业标准《建筑隔震橡胶支座》JG 118 的规定。

9.2.3 适用范围

建筑隔震技术一般应用于重要的建筑，一般指甲、乙类等特别重要的建筑；也可应用于有特殊性使用要求的建筑，传统抗震技术难以达到抗震要求的或有更高抗震要求的某些建筑，也可用于抗震性能不满足要求的既有建筑的加固改造，文物建筑及有纪念意义的建（构）筑物的保护等。

9.2.4 工程案例

北京三里河七部委联合办公楼、北京地铁复八线、福建省防震减灾中心大楼、昆明新机场等采用了建筑隔震技术。

9.3 结构构件加固技术

9.3.1 技术内容

结构构件加固技术常用的有钢绞线网片聚合物砂浆加固技术和外包钢加固技术。

钢绞线网片聚合物砂浆加固技术是在被加固构件进行界面处理后，将钢绞线网片敷设于被加固构件的受拉部位，再在其上涂抹聚合物砂浆。其中钢绞线是受力的主体，在加固后的结构中发挥其高于普通钢筋的抗拉强度；聚合物砂浆有良好的渗透性、对氯化物和一般化工品的阻抗性好，粘结强度和密实程度高，一方面可起保护钢绞线网片的作用，另一方面将其粘结在原结构上形成整体，使钢绞线网片与原结构构件变形协调、共同工作，以有效提高其承载能力和刚度。

外包钢加固法是在钢筋混凝土梁、柱四周包型钢的一种加固方法，可分为干式和湿式两种。湿式外包钢加固法，是在外包型钢与构件之间采用改性环氧树脂化学灌浆等方法进行粘结，以使型钢与原构件能整体共同工作。干式外包钢加固法的型钢与原构件之间无粘结（有时填以水泥砂浆），不传递结合面剪力，与湿式相比，干式外包钢法施工更方便，但承载力的提高不如湿式外包钢法有效。

9.3.2 技术指标

钢绞线网片聚合物砂浆加固的材料和设计计算及施工应符合现行行业标准《钢绞线网片聚合物砂浆加固技术规程》JGJ 337 的要求；外包钢加固的设计计算和粘结剂的要求应符合国家现行标准《混凝土结构加固设计规范》GB 50367 和行业标准《建筑抗震加固技术规程》JGJ 116 的规定，关于钢材、焊缝设计及其施工的要求应符合现行国家标准《钢结构设计规范》GB 50017 的规定。

9.3.3 适用范围

钢绞线网片聚合物砂浆加固技术适用于砌体结构砖墙、钢筋混凝土结构梁、板、柱和节点的加固。外包钢加固技术适用于需要提高截面承载能力和抗震能力的钢筋混凝土梁、柱结构的加固。

9.3.4 工程案例

钢绞线网片聚合物砂浆与外包钢加固技术已在北京火车站、北京工人体育场、北京工人体育馆、中国国家博物馆、厦门郑成功纪念馆、厦门特区纪念馆等加固改造工程中应用。

9.4 建筑移位技术

9.4.1 技术内容

建筑物移位技术是指在保持房屋建筑与结构整体性和可用性不变的前提下，将其从原址移到新址的既有建筑保护技术。建筑物移位具有技术要求高、工程风险大的特点。建筑物移位包括以下技术环节：新址基础施工、移位基础与轨道布设、结构托换与安装行走机构、牵引设备与系统控制、建筑物移位施工、新址基础上就位连接。其中结构托换是指对整体结构或部分结构进行合理改造，改变荷载传力路径的工程技术，通过结构托换将上部结构与基础分离，为安装行走机构创造条件；移位轨道及牵引系统控制是指移位过程中轨道设计及牵引系统的实施，通过液压系统施加动力后驱动结构在移位轨道上行走；就位连接是指建筑物移到指定位置后原建筑与新基础连接成为整体，其中可靠的连接处理是保证建筑物在新址基础上结构安全的重要环节。

9.4.2　技术指标

采用建筑移位技术的结构设计可依据现行行业标准《建（构）筑物移位工程技术规程》JGJ/T 239 及《建筑物移位纠倾增层改造技术规范》CECS 225 进行，变形监测做法可按现行行业标准《建筑变形测量规范》JGJ 8 执行。

9.4.3　适用范围

建筑移位技术适用于具有使用价值或保留价值或历史价值的既有建（构）物的整体移位，对于这些既有建（构）物因规划调整、小区平面布置改变等原因，需整体从原址移位到附近新址，其移位方式包括平移、旋转及局部顶升。可考虑进行移位的建（构）筑物为：一般工业与民用建筑，其层数为多层，其结构形式可包括砌体结构、钢筋混凝土结构、砖木结构、钢结构等；其他构筑物；古建筑、历史建筑与特殊建筑。

9.4.4　工程案例

厦门市人民检察院综合楼 6 层钢筋混凝土框架结构平移工程、泉州佳丽彩印厂专家楼平移工程、北京英国大使馆（国家一级文物）整体平移工程、济南宏济堂历史建筑整体移位工程等都采用了建筑移位技术。

9.5　结构无损性拆除技术

9.5.1　技术内容

无损性拆除技术主要包括金刚石无损钻切技术和水力破除技术，这两种技术对结构产生的扰动小，对保留结构基本无冲击，不损坏保留结构的性能状态，同时它具有低噪声、轻污染、效率高的特点。其主要用于既有建（构）物结构改造时部分结构与构件的无损性拆除。

（1）金刚石无损钻切技术

利用金刚石工具包括金刚石绳锯、金刚石圆盘锯、金刚石薄壁钻等，通过其对既有混凝土结构构件进行锯切、切削与钻孔形成切割面，将结构需切割拆除的部分与保留的结构分离，满足保留既有混凝土结构的受力性能和使用寿命的技术要求。

（2）水力破除技术

水力破除技术是采用高速水射流来破除混凝土的静力铣刨技术。混凝土是多孔材料且抗拉强度相对较低，高速水射流穿透混凝土孔隙时产生内压，当内压超过混凝土的抗拉强度时，混凝土即被破除，而水流对钢筋没有影响，故钢筋可以原样保留。

9.5.2　技术指标

（1）金刚石无损钻切技术

1）金刚石绳锯：

绳索的变向是通过导向轮的组合安装来实现的，施工过程中导向轮的安装与主动驱动轮中的位置关系应巧妙的设计，以满足切割要求。

绳索切割线速度不低于 18m/s。

金刚石绳索的质量标准应满足切割过程中最大张拉强度的要求。

2）金刚石圆盘锯：

切割锯片与切割深度的关系见表 9.5-1。

表 9.5-1　切割锯片与切割深度关系表

锯片直径（mm）	400	600	700	1200
切割深度（mm）	150	250	300	500

切割锯的轨道安装偏差控制在 3mm 以内，锯片固定完成后检查调整锯片与切割面的垂直度，平行于墙体切割楼板时，距离墙边最小切割距离为 30mm。

3）金刚石薄壁钻：

采用十字画线法确定钻孔中心，孔位偏差不超过 3mm。

利用连续钻孔进行切割时，钻孔采用 89mm 或 108mm 孔径施工，1m 长度方向上布置钻孔数为 11～13 个。切割直线偏差小于 20mm。

（2）水力破除技术

水力破除技术参数主要为压力、流量、冲程；如压力大、流量小则施工效率会大大降低，压力小、流量大则无法破除混凝土，冲程大则破除深度大，冲程小则破除深度小，三者有着密不可分，应针对不同强度等级、级配的混凝土参数的进行设定，具体参数详见表 9.5-2。

表 9.5-2 水力破除技术参数表

破除形式	压力（MPa）	流量（L/min）
机器人形式	180～220	180～220
手持式形式	220～260	20～26

9.5.3 适用范围

结构无损性拆除技术适用于各类既有钢筋混凝土结构建筑的局部结构拆改及有保留结构要求的工程施工。

9.5.4 工程案例

北京三元桥（跨京顺路）桥梁快速大修工程、京港澳高速公路石安段支漳河特大桥改扩建工程、北京牡丹园公寓 2 号楼拆除工程等都采用了结构无损性拆除技术。

9.6 深基坑施工监测技术

9.6.1 技术内容

基坑工程监测是指通过对基坑控制参数进行一定期间内的量值及变化进行监测，并根据监测数据评估判断或预测基坑安全状态，为安全控制措施提供技术依据。

监测内容一般包括支护结构的内力和位移、基坑底部及周边土体的位移、周边建筑物的位移、周边管线和设施的位移及地下水状况等。

监测系统一般包括传感器、数据采集传输系统、数据库、状态分析评估与预测软件等。

通过在工程支护（围护）结构上布设位移监测点，进行定期或实时监测，根据变形值判定是否需要采取相应措施，消除影响，避免进一步变形发生的危险。监测方法可分为基准线法和坐标法。

在水平位移监测点旁布设围护结构的沉降监测点，布点要求间隔 15～25m 布设一个监测点，利用高程监测的方法对围护结构顶部进行沉降监测。

基坑围护结构沿垂直方向水平位移的监测，用测斜仪由下至上测量预先埋设在墙体内测斜管的变形情况，以了解基坑开挖施工过程中基坑支护结构在各个深度上的水平位移情况，用以了解和推算围护体变形。

临近建筑物沉降监测，利用高程监测的方法来了解临近建筑物的沉降，从而了解其是否会引起不均匀沉降。

在施工现场沉降影响范围之外，布设 3 个基准点为该工程临近建筑物沉降监测的基准点。临近建筑物沉降监测的监测方法、使用仪器、监测精度同建筑物主体沉降监测。

9.6.2　技术指标

（1）变形报警值。水平位移报警值，按一级安全等级考虑，最大水平位移 $\leqslant 0.14\% H$；按二级安全等级考虑，最大水平位移 $\leqslant 0.3\% H$。

（2）地面沉降量报警值。按一级安全等级考虑，最大沉降量 $\leqslant 0.1\% H$；按二级安全等级考虑，最大沉降量 $\leqslant 0.2\% H$。

（3）监测报警指标一般以总变化量和变化速率两个量控制，累计变化量的报警指标一般不宜超过设计限值。若有监测项目的数据超过报警指标，应从累计变化量与日变量两方面考虑。

9.6.3　适用范围

深基坑施工监测适用于深基坑钻、挖孔灌注桩、地连墙、重力坝等围（支）护结构的变形监测。

9.6.4　工程案例

深圳中航广场工程、上海万达商业中心等工程均采用了深基坑施工监测技术。

9.7　大型复杂结构施工安全性监测技术

9.7.1　技术内容

大型复杂结构是指大跨度钢结构、大跨度混凝土结构、索膜结构、超限复杂结构、施工质量控制要求高且有重要影响的结构、桥梁结构等，以及采用滑移、转体、顶升、提升等特殊施工过程的结构。

大型复杂结构施工安全性监测以控制结构在施工期间的安全为主要目的，

重点技术是通过检测结构安全控制参数在一定期间内的量值及变化，并根据监测数据评估或预判结构安全状态，必要时采取相应控制措施以保证结构安全。监测参数一般包括变形、应力应变、荷载、温度和结构动态参数等。

监测系统包括传感器、数据采集传输系统、数据库、状态分析评估与显示软件等。

9.7.2　技术指标

监测技术指标主要包括传感器及数据采集传输系统测试稳定性和精度，其稳定性指标一般为监测期间内最大漂移小于工程允许的范围，测试精度一般满足结构状态值的 5% 以内。监测点布置与数量满足工程监测的需要，并满足《建筑与桥梁结构监测技术规范》GB 50982 等国家现行监测、测量等规范标准要求。

9.7.3　适用范围

安全性监测技术适用于大跨度钢结构、大跨度混凝土结构、索膜结构、超限复杂结构、施工质量控制要求高且有重要影响的建筑结构和桥梁结构等，包含有滑移、转体、顶升、提升等特殊施工过程的结构。

9.7.4　工程案例

武汉绿地中心、上海中心、深圳平安金融中心、天津津塔、上海东方明珠塔、广州电视塔等超高层与高耸结构、国家体育场钢结构、五棵松体育馆钢结构、国家大剧院钢结构、深圳会展中心钢结构、昆明新机场、上海大剧院、2010 年上海世博会世博轴钢结构与索膜结构、中国航海博物馆结构；大同大剧院钢筋混凝土薄壳结构等大跨空间结构，CCTV 新台址异形结构；大同美术馆三角锥钢结构顶推滑移工程，贵州盘县大桥顶推工程，中航技研发中心顶升工程等。

9.8　爆破工程监测技术

9.8.1　技术内容

在爆破作业中爆破振动对基础、建筑物自身、周边环境物均会造成一定的影响，无论从工程施工的角度还是环境安全的需要，均要对爆破作业提出控制，将爆破引发的各类效应列为控制和监测爆破影响的重要项目。

爆破监测的主要项目主要包括：（1）爆破质点振动速度；（2）爆破动应变；（3）爆破孔隙动水压力；（4）爆破水击波、动水压力及涌浪；（5）爆破有害气体、空气冲击波及噪声；（6）爆破前周边建筑物的检测与评估；（7）爆破中周边建筑物振动加速度、倾斜及裂缝。

振动速度加速度传感器、应变计、渗压计、水击波传感器、脉动压力传感器、倾斜计、裂缝计等分别与各类数据采集分析装置组成监测系统；对有害气体的分析可采用有毒气体检测仪；空气冲击波及噪声监测可采用专用的爆破噪声测试系统或声级计。

9.8.2 技术指标

爆破监测在具体实施中应符合国家现行标准《爆破安全规程》GB 6722、《作业场所空气中粉尘测定方法》GB5748、《水电水利工程爆破安全监测规程》DL/T 5333。

9.8.3 适用范围

爆破监测适用于市政工程、海港码头、铁路、公路、水利水电工程中的岩石类爆破。

9.8.4 工程案例

三峡水利枢纽三期上游围堰拆除工程、小浪底水利枢纽的左右岸开挖工程、秦山核电站大型基坑开挖爆破、重庆轻轨三号线江北机场站工程、南水北调丹江口水库加高工程、西北热力穿山隧道爆破施工均采用了爆破监测技术。

9.9 受周边施工影响的建（构）筑物检测、监测技术

9.9.1 技术内容

周边施工指在既有建（构）筑物下部或临近区域进行深基坑开挖降水、地铁穿越、地下顶管、综合管廊等的施工，这些施工易引发周边建（构）筑物的不均匀沉降、变形及开裂等，致使结构或既有线路出现开裂、不均匀沉降、倾斜甚至坍塌等事故，因此有必要对受施工影响的周边建（构）筑物进行检测与风险评估，并对其进行施工期间的监测，严格控制其沉降、位移、应力、变形、

开裂等各项指标。

各类穿越既有线路或穿越既有建（构）筑物的工程，施工前应按施工工艺及步骤进行数值模拟，分析地表及上部结构变形与内力，并结合计算结果调整和设定施工监控指标。

9.9.2　技术指标

检测主要是对既有结构的现状、结构性态进行检测与调查，记录结构外观缺陷与损伤、裂缝、差异沉降、倾斜等作为施工前结构初始值，并对结构进行承载力评定及预变形分析。结构承载力评定应包含较大差异沉降、倾斜或缺陷的作用；监测及预警主要为受影响的建（构）筑物结构内部变形及应力，倾斜与不均匀沉降，典型裂缝的宽度与开展，其他典型缺陷等。

9.9.3　适用范围

此项技术适用于周边施工包含深基坑施工、地铁穿越施工、地下顶管施工、综合管廊施工等。

9.9.4　工程案例

天津老城厢深基坑开挖对周边居民楼影响监测，天津地下管廊顶管施工对周边居民楼影响监测，北京地铁 10 号线穿越施工过程检测监测，合肥地铁 3 号线穿越施工对上部建筑影响检测监测与评估。

9.10　隧道安全监测技术

9.10.1　技术内容

对隧道衬砌结构变形监测，根据监测数据判定隧道的安全性，实现隧道安全监测。

监测系统应包括监测断面测点棱镜、自动全站仪、通讯装置、控制计算机以及数据中心服务器，采用实时在线控制方式，可实现数据的受控采集和实时分析，同时实现监测数据和报警信息的实时发布。

系统实施具体要求如下：

（1）在隧道衬砌结构表面设置监测断面，监测断面应设置在变形影响区内，监测断面间距一般 5～15m，特殊地质地段和重要构筑物附近的断面应适当加密；

（2）每个监测断面设置监测棱镜若干，一般要在拱顶、拱腰、拱脚等部位设置监测点；

（3）在监测区域外的稳定区布置基准断面，可以在监测区外布置 2 个基准断面，每断面设置棱镜 2~5 个，两基准断面之间棱镜组成基线，采用自动全站仪进行基于基线的变形测量；

（4）自动全站仪应尽量设置在两个基准断面之间，同时要避让最大变形区域，减少监测过程中具有有限角度补偿的自动全站仪的人工纠偏工作量；

（5）监测报警阈值根据现场实际情况计算设置，同时符合相关规范。

9.10.2　技术指标

监测实施过程应符合现行国家标准《工程测量规范》GB 50026、《城市轨道交通工程测量规范》GB 50308 等。

9.10.3　适用范围

此项技术适用于施工和运营中的隧道安全监测。

9.10.4　工程案例

深圳地铁 9 号线、深圳地铁 9 号线西延线等工程均采用了隧道安全监测技术。

10 信息化技术

10.1 基于 BIM 的现场施工管理信息技术

基于 BIM 的现场施工管理信息技术是指利用 BIM 技术，并借助移动互联网技术实现施工现场可视化、虚拟化的协同管理。在施工阶段结合施工工艺及现场管理需求对设计阶段施工图模型进行信息添加、更新和完善，以得到满足施工需求的施工模型。依托标准化项目管理流程，结合移动应用技术，通过基于施工模型的深化设计，以及场布、施组、进度、材料、设备、质量、安全、竣工验收等管理应用，实现施工现场信息高效传递和实时共享，提高施工管理水平。

10.1.1 技术内容

（1）深化设计：基于施工 BIM 模型结合施工操作规范与施工工艺，进行建筑、结构、机电设备等专业的综合碰撞检查，解决各专业碰撞问题，完成施工优化设计，完善施工模型，提升施工各专业的合理性、准确性和可校核性；

（2）场布管理：基于施工 BIM 模型对施工各阶段的场地地形、既有设施、周边环境、施工区域、临时道路及设施、加工区域、材料堆场、临水临电、施工机械、安全文明施工设施等进行规划布置和分析优化，以实现场地布置科学合理；

（3）施组管理：基于施工 BIM 模型，结合施工工序、工艺等要求，进行施工过程的可视化模拟，并对方案进行分析和优化，提高方案审核的准确性，实现施工方案的可视化交底；

（4）进度管理：基于施工 BIM 模型，通过计划进度模型（可以通过 Project 等相关软件编制进度文件生成进度模型）和实际进度模型的动态链接，进行计划进度和实际进度的对比，找出差异，分析原因，BIM4D 进度管理直观的实现对项目进度的虚拟控制与优化；

（5）材料、设备管理：基于施工 BIM 模型，可动态分配各种施工资源和设备，并输出相应的材料、设备需求信息，并与材料、设备实际消耗信息进行比对，实现施工过程中材料、设备的有效控制；

（6）质量、安全管理：基于施工 BIM 模型，对工程质量、安全关键控制点进行模拟仿真以及方案优化。利用移动设备对现场工程质量、安全进行检查与验收，实现质量、安全管理的动态跟踪与记录；

（7）竣工管理：基于施工 BIM 模型，将竣工验收信息添加到模型，并按照竣工要求进行修正，进而形成竣工 BIM 模型，作为竣工资料的重要参考依据。

10.1.2　技术指标

（1）基于 BIM 技术在设计模型基础上，结合施工工艺及现场管理需求进行深化设计和调整，形成施工 BIM 模型，实现 BIM 模型在设计与施工阶段的无缝衔接；

（2）运用的 BIM 技术应具备可视化、可模拟、可协调等能力，实现施工模型与施工阶段实际数据的关联，进行建筑、结构、机电设备等各专业在施工阶段的综合碰撞检查、分析和模拟；

（3）采用的 BIM 施工现场管理平台应具备角色管控、分级授权、流程管理、数据管理、模型展示等功能；

（4）通过物联网技术自动采集施工现场实际进度的相关信息，实现与项目计划进度的虚拟比对；

（5）利用移动设备，可即时采集图片、视频信息，并能自动上传到 BIM 施工现场管理平台，责任人员在移动端即时得到整改通知、整改回复的提醒，实现质量管理任务在线分配、处理过程及时跟踪的闭环管理等的要求；

（6）运用 BIM 技术，实现危险源的可视标记、定位、查询分析。安全围栏、标识牌、遮拦网等需要进行安全防护和警示的地方在模型中进行标记，提醒现场施工人员安全施工；

（7）应具备与其他系统进行集成的能力。

10.1.3　适用范围

BIM 技术适用于建筑工程项目施工阶段的深化、场布、施组、进度、材料、设备、质量、安全等业务管理环节的现场协同动态管理。

10.1.4　工程案例

湖北武汉绿地中心项目、北京中国建筑科学研究院科研楼项目、云南昆明润城第二大道项目、越南越中友谊宫项目、北京通州行政副中心项目、广东东莞国贸中心项目、北京首都医科大学附属北京天坛医院、广东深圳腾讯滨海大厦工程、广东深圳平安金融中心、北京中国卫星通信大厦、天津 117 大厦项目等、山西晋中矿山综合治理技术研究中心等都采用了 BIM 现场施工管理信息技术。

10.2 基于大数据的项目成本分析与控制信息技术

基于大数据的项目成本分析与控制信息技术，是利用项目成本管理信息化和大数据技术更科学和有效的提升工程项目成本管理水平和管控能力的技术。通过建立大数据分析模型，充分利用项目成本管理信息系统积累的海量业务数据，按业务板块、地区、重大工程等维度进行分类、汇总，对"工、料、机"等核心成本要素进行分析，挖掘出关键成本管控指标并利用其进行成本控制，从而实现工程项目成本管理的过程管控和风险预警。

10.2.1 技术内容

（1）项目成本管理信息化主要技术内容

1）项目成本管理信息化技术是要建设包含收入管理、成本管理、资金管理和报表分析等功能模块的项目成本管理信息系统；

2）收入管理模块应包括业主合同、验工计价、完成产值和变更索赔管理等功能，实现业主合同收入、验工收入、实际完成产值和变更索赔收入等数据的采集；

3）成本管理模块应包括价格库、责任成本预算、劳务分包、专业分包、机械设备、物资管理、其他成本和现场经费管理等功能，具有按总控数量对"工、料、机"的业务发生数量进行限制，按各机构、片区和项目限价对"工、料、机"采购价格进行管控的能力，能够编制预算成本和采集劳务、物资、机械、现场经费等实际成本数据；

4）资金管理模块应包括债务支付集中审批、支付比例变更、财务凭证管理等功能，具有对项目部资金支付的金额和对象进行管控的能力，实现应付和实付资金数据的采集；

5）报表分析应包括"工、料、机"等各类业务台帐和常规业务报表，并具备对劳务、物资、机械和周转料的核算功能，能够实时反映施工项目的总体经营状态。

（2）成本业务大数据分析技术的主要技术内容

1）建立项目成本关键指标关联分析模型；

2）实现对"工、料、机"等工程项目成本业务数据按业务板块、地理区域、组织架构和重大工程项目等分类的汇总和对比分析，找出工程项目成本管理的薄弱环节；

3）实现工程项目成本管理价格、数量、变更索赔等关键要素的趋势分析和预警；

4）采用数据挖掘技术形成成本管理的"量、价、费"等关键指标，通过对关键指标的控制，实现成本的过程管控和风险预警；

5）应具备与其他系统进行集成的能力。

10.2.2 技术指标

（1）采用大数据采集技术，建立项目成本数据采集模型，收集成本管理系统中存储的海量成本业务数据；

（2）采用数据挖掘技术，建立价格指标关联分析模型，以地区、业务板块和业务发生时点为主要维度，结合政策调整、价格变化等相关社会经济指标，对劳务、物资和机械等成本价格进行挖掘，提取适合各项目的劳务分包单价、物资采购价格、机械租赁单价等数据，并输出到成本管理系统中作为项目成本的控制指标；

（3）采用可视化分析技术，建立项目成本分析模型，从收入与产值、预算成本与实际成本、预计利润与实际利润等多个角度对项目成本进行对比分析，对成本指标进行趋势分析和预警；

（4）采用分布式系统架构设计，降低并发量提高系统可用性和稳定性。采用 B/S 和 C/S 模式相结合的技术，Web 端实现业务单据的流转审批，使用离线客户端实现数据的便捷、快速处理；

（5）通过系统的权限控制体系限定用户的操作权限和可访问的对象。系统应具备身份鉴别、访问控制、会话安全、数据安全、资源控制、日志与审计等功能，防止信息在传输过程中被抓包窜改。

10.2.3 适用范围

大数据采集技术适用于加强项目成本管控的工程建设项目。

10.2.4 工程案例

四川成都博览城项目、山东济南世茂天城项目、山东济南中铁诺德名城二期项目、湖北襄阳新天地房建项目等工程项目等采用了大数据采集技术。

10.3 基于云计算的电子商务采购技术

基于云计算的电子商务采购技术是指通过云计算技术与电子商务模式的结合，搭建基于云服务的电子商务采购平台，针对工程项目的采购寻源业务，统一采购资源，实现企业集约化、电子化采购，创新工程采购的商业模式。平台功能主要包括：采购计划管理、互联网采购寻源、材料电子商城、订单送货管理、供应商管理、采购数据中心等。通过平台应用，可聚合项目采购需求，优化采购流程，提高采购效率，降低工程采购成本，实现阳光采购，提高企业经济效益。

10.3.1 技术内容

（1）采购计划管理：系统可根据各项目提交的采购计划，实现自动统计和汇总，下发形成采购任务；

（2）互联网采购寻源：采购方可通过聚合多项目采购需求，自动发布需求公告，并获取多家报价进行优选，供应商可进行在线报名响应；

（3）材料电子商城：采购方可以针对项目大宗材料、设备进行分类查询，并直接下单。供应商可通过移动终端设备获取订单信息，进行供货；

（4）订单送货管理：供应商可根据物资送货要求，进行物流发货，并可以通过移动端记录物流情况。采购方可通过移动端实时查询到货情况；

（5）供应商管理：提供合格供应商的审核和注册功能，并对企业基本信息、产品信息及价格信息进行维护。采购方可根据供货行为对供应商进行评价，形成供应商评价记录；

（6）采购数据中心：提供材料设备基本信息库、市场价格信息库、供应商评价信息库等的查询服务。通过采购业务数据的积累，对以上各信息库进行实时自动更新。

10.3.2 技术指标

（1）通过搭建云基础服务平台，实现系统负载均衡、多机互备、数据同步及资源弹性调度等机制；

（2）具备符合要求的安全认证、权限管理等功能，同时提供工作流引擎，实现流程的可配置化及与表单的可集成化；

（3）应提供规范统一的材料设备分类与编码体系、供应商编码体系和供应商评价体系；

（4）可通过统一信用代码校验及手机号码校验，确认企业及用户信息的一致性和真实性。云平台需通过数字签名系统验证用户登录信息，对用户账户信息及投标价格信息进行加密存储，通过系统日志自动记录采购行为，以提高系统安全性及法律保障；

（5）应支持移动终端设备实现供应商查询、在线下单、采购订单跟踪查询等应用；

（6）应实现与项目管理系统需求计划、采购合同的对接，以及与企业 OA 系统的采购审批流程对接；还应提供与其他相关业务系统的标准数据接口。

10.3.3 适用范围

云计算的电子商务采购技术适用于建筑工程实施过程中的采购业务环节。

10.3.4 工程案例

上海迪士尼工程项目，陕西西安西安交大科技创新港科创基地项目，四川宜宾向家坝水电站工程，福建福清核电站3、4号机组工程，北京中铁鲁班商务网项目等都采用了云计算的电子商务采购技术。

10.4 基于互联网的项目多方协同管理技术

基于互联网的项目多方协同管理技术是以计算机支持协同工作（CSCW）理论为基础，以云计算、大数据、移动互联网和 BIM 等技术为支撑，构建的多方参与的协同工作信息化管理平台。通过工作任务协同管理、质量和安全协同管理、图档协同管理、项目成果物的在线移交和验收管理、在线沟通服务，解决项目图档混乱、数据管理标准不统一等问题，实现项目各参与方之间信息共享、实时沟通，提高项目多方协同管理水平。

10.4.1 技术内容

（1）工作任务协同。在项目实施过程中，将总包方发布的任务清单及工作任务完成情况的统计分析结果实时分享给投资方、分包方、监理方等项目相关参与方，实现多参与方对项目施工任务的协同管理和实时监控；

（2）质量和安全管理协同。能够实现总包方对质量、安全的动态管理和限期整改问题自动提醒。利用大数据进行缺陷事件分析，通过订阅和推送的方式为多参与方提供服务；

（3）项目图档协同。项目各参与方基于统一的平台进行图档审批、修订、分发、借阅，施工图纸文件与相应 BIM 构件进行关联，实现可视化管理。对图档文件进行版本管理，项目相关人员通过移动终端设备可以随时随地查看最新的图档；

（4）项目成果物的在线移交和验收。各参与方在项目设计、采购、实施、运营等阶段通过协同平台进行成果物的在线编辑、移交和验收，并自动归档；

（5）在线沟通服务。利用即时通讯工具，增强各参与方沟通能力。

10.4.2　技术指标

（1）采用云模式及分布式架构部署协同管理平台，支持基于互联网的移动应用，实现项目文档快速上传和下载；

（2）应具备即时通讯功能，统一身份认证与访问控制体系，实现多组织、多用户的统一管理和权限控制，提供海量文档加密存储和管理能力；

（3）针对工程项目的图纸、文档等进行图形、文字、声音、照片和视频的标注；

（4）应提供流程管理服务，符合业务流程与标注（BPMN）2.0 标准；

（5）应提供任务编排功能，支持父子任务设计，方便逐级分解和分配任务，支持任务推送和自动提醒；

（6）应提供大数据分析功能，支持质量、安全缺陷事件的分析，防范质量、安全风险；

（7）应具备与其他系统进行集成的能力。

10.4.3　适用范围

互联网的项目多方协同管理技术适用于工程项目多参与方的跨组织、跨地域、跨专业的协同管理。

10.4.4　工程案例

天津 117 项目、湖北武汉绿地中心项目、重庆来福士广场项目、湖北武汉因特宜家项目、广东深圳华润深圳湾国际商业中心项目、太原山西行政学院综合教学楼等项目采用了互联网的项目多方协同管理技术。

10.5 基于移动互联网的项目动态管理信息技术

基于移动互联网的项目动态管理信息技术是指综合运用移动互联网技术、全球卫星定位技术、视频监控技术、计算机网络技术，对施工现场的设备调度、计划管理、安全质量监控等环节进行信息即时采集、记录和共享，满足现场多方协同需要，通过数据的整合分析实现项目动态实时管理，规避项目过程各类风险。

10.5.1 技术内容

（1）设备调度：运用移动互联网技术，通过对施工现场车辆运行轨迹、频率、卸点位置、物料类别等信息的采集，完成路径优化，实现智能调度管理；

（2）计划管理：根据施工现场的实际情况，对施工任务进行细化分解，并监控任务进度完成情况，实现工作任务合理在线分配及施工进度的控制与管理；

（3）安全质量管理：利用移动终端设备，对质量、安全巡查中发现的质量问题和安全隐患进行影音数据采集和自动上传，整改通知、整改回复自动推送到责任人员，实现闭环管理；

（4）数据管理：通过信息平台准确生成和汇总施工各阶段工程量、物资消耗等数据，实现数据自动归集、汇总、查询，为成本分析提供及时、准确数据。

10.5.2 技术指标

（1）应用移动互联网技术，实现在移动端对施工现场设备进行安全、高效的统一调配和管理；

（2）结合 LBS 技术通过对移动轨迹采集和定位，实现移动端自动采集现场设备工作轨迹和工作状态；

（3）建立协同工作平台，实现多专业数据共享，实现安全质量标准化管理；

（4）具备与其他管理系统进行数据集成共享的功能；

（5）系统应符合《计算机信息系统安全保护等级划分准则》GB 17859 第二级的保护要求。

10.5.3 适用范围

基于移动互联网的项目动态管理信息技术适用于施工作业设备多、生产和指挥管理复杂、难度大的建设项目。

10.5.4 工程案例

贵州贵阳华润国际社区项目示范区总承包工程、吉林长春吉大医院、辽宁沈阳浦和新苑住宅楼项目、天津合纵科技（天津）生产基地项目、云南昆明润城第二大道项目、湖南张家界家居生活广场一期工程、山东淄博五洲国际家具博览城二期等均采用了此项技术。

10.6 基于物联网的工程总承包项目物资全过程监管技术

基于物联网的工程总承包项目物资全过程监管技术，是指利用信息化手段建立从工厂到现场的"仓到仓"全链条一体化物资、物流、物管体系。通过手持终端设备和物联网技术，实现集装卸、运输、仓储等整个物流供应链信息的一体化管控，实现项目物资、物流、物管的高效、科学、规范的管理，解决传统模式下无法实时、准确的进行物流跟踪和动态分析的问题，从而提升工程总承包项目物资全过程监管水平。

10.6.1 技术内容

（1）建立工程总承包项目物资全过程监管平台，实现编码管理、终端扫描、报关审核、节点控制、现场信息监控等功能，同时支持单项目统计和多项目对比，为项目经理和决策者提供物资全过程监管支撑；

（2）编码管理：以合同 BOQ 清单为基础，采用统一编码标准，包括设备 KKS 编码、部套编码、物资编码、箱件编码、工厂编号及图号编码，并自动生成可供物联网设备扫描的条形码，实现业务快速流转，减少人为差错；

（3）终端扫描：在各个运输环节，通过手持智能终端设备，对条形码进行扫码，并上传至工程总承包项目物资全过程监管平台，通过物联网数据的自动采集，实现集装卸、运输、仓储等整个物流供应链信息共享；

（4）报关审核：建立报关审核信息平台，完善企业物资海关编码库，适应新形势下海关无纸化报关要求，规避工程总承包项目物资货量大、发船批次多、清关延误等风险，保证各项出口物资的顺利通关；

（5）节点控制：根据工程总承包计划设置物流运输时间控制节点，包括海外海运至发货港口、境内陆运至车站、报关通关、物资装船、海上运输、物资清关、陆地运输等，明确运输节点的起止时间，以便工程总承包项目物资全过程监管平台根据物联网扫码结果，动态分析偏差，进行预警；

（6）现场信息监控：建立现场物资仓储平台，通过运输过程中物联网数据的更新，实时动态监管物资的发货、运输、集港、到货、验收等环节，以便现场合理安排项目进度计划，实现物资全过程闭环管理。

10.6.2　技术指标

（1）建立统一的工程总承包项目物资全过程监管平台，运用大数据分析、工作流和移动应用等技术，实现多项目管理，相关人员可通过手机随时获取信息，同时支持云部署、云存储模式，支持多方协同，业务上下贯通，逻辑上分管理策划层、业务标准化层、数据共享层三层结构；

（2）采用定制移动终端，实现远距离（＞5m）条码扫描，监听手持设备扫描数据，通过 HTTPS 安全协议，使终端数据快速、直接、安全送达服务器，实现货物远距离快速清点和物流状态实时更新；

（3）以条形码作为唯一身份编码形式，并将打印的条码贴至箱件，扫码时，系统自动进行校验，实现各运输环节箱件内物资的快速核对；

（4）通过卫星定位技术和物联网条码技术，实现箱件位置的快速定位和箱件内物资的快速查找；

（5）将规划好的推送逻辑、时机、目标置入系统，实时监听物联网数据获取状态并进行对比分析，满足触发条件，自动通过待办任务、邮件、微信、短信等形式推送给相关方，进行预警提醒，对未确认的提醒，可设定重复发送周期；

（6）支持离线应用，可采用离线工具实现数据采集。在联网环境下，自动同步到服务器或者通过邮件发送给相关方进行导入；

（7）具备与其他管理系统进行数据集成共享的功能。

10.6.3　适用范围

国内外工程总承包项目物资的物流、物管均可使用基于物联网的工程总承包项目物资全过程监管技术。

10.6.4　工程案例

内蒙古昇华新农村光伏小镇建设项目，沙特拉比格海水淡化厂区建设项目，新疆乌鲁木齐 2×1100MW 超超临界空冷机组项目，宁夏宁东 2×660MW 燃机扩建项目，孟加拉艾萨拉姆 2×600MW 燃机项目等均采用了此项技术。

10.7 基于物联网的劳务管理信息技术

基于物联网的劳务管理信息技术是指利用物联网技术，集成各类智能终端设备对建设项目现场劳务工人实现高效管理的综合信息化系统。系统能够实现实名制管理、考勤管理、安全教育管理、视频监控管理、工资监管、后勤管理以及基于业务的各类统计分析等，提高项目现场劳务用工管理能力、辅助提升政府对劳务用工的监管效率，保障劳务工人与企业利益。

10.7.1 技术内容

（1）实名制管理：实现劳务工人进场实名登记、基础信息采集、通行授权、黑名单鉴别，人员年龄管控、人员合同登记、职业证书登记以及人员退场管理；

（2）考勤管理：利用物联网终端门禁等设备，对劳务工人进出指定区域通行信息自动采集，统计考勤信息，能够对长期未进场人员进行授权自动失效和再次授权管理；

（3）安全教育管理：能够记录劳务工人安全教育记录，在现场通行过程中对未参加安全教育人员限制通过。可以利用手机设备登记人员安全教育等信息，实现安全教育管理移动应用；

（4）视频监控：能够对通行人员人像信息自动采集并与登记信息进行人工比对，能够及时查询采集记录；能实时监控各个通道的人员通行行为，并支持远程监控查看及视频监控资料存储；

（5）工资监管：能够记录和存储劳务分包队伍劳务工人工资发放记录，宜能对接银行系统实现工资发放流水的监控，保障工资支付到位；

（6）后勤管理：能够对劳务工人进行住宿分配管理，宜能够实现一卡通在项目的消费应用；

（7）统计分析：能基于过程记录的基础数据，提供政府标准报表，实现劳务工人地域、年龄、工种、出勤数据等统计分析，同时能够提供企业需要的各类格式报表定制。利用手机设备可以实现劳务工人信息查询、数据实时统计分析查询。

10.7.2 技术指标

（1）应将劳务实名制信息化管理的各类物联网设备进行现场组网运行，并与互联网相连；

（2）基于物联网的劳务管理系统，应具备符合要求的安全认证、权限管理、表单定制等功能；

（3）系统应提供与物联网终端设备的数据接口，实现对身份证阅读器、视频监控设备、门禁设备、通行授权设备、工控机等设备的数据采集与控制；

（4）门禁方式可采用 IC 卡闸机门禁、人脸或虹膜识别闸机门禁、二维码闸机门禁、RFID 无障碍通行等。IC 卡及读写设备要符合 ISO/IEC14443 协议相关要求、RFID 卡及读写设备应符合 IOS15693 协议相关要求。单台人脸或虹膜识别设备最少支持存储 1000 张人脸或虹膜信息；闸机通行不低于 30 人/min（采用人脸或虹膜生物识别通行不低于 10 人/min）；如采用半高转闸和全高转闸，应设立安全疏散通道；

（5）可对现场人员进出的项目划设区域进行授权管理，不同授权人员只能通行对应的区域。

（6）门禁控制器应能记录进出场人员信息，统计进出场时间，并实时传输到云端服务器；应能支持断网工作，数据可在网络恢复以后及时上传；断电设备无法工作，但已采集记录数据可以保留 30d；

（7）能够进行统一的规则设置，可以实现对人员年龄超龄控制、黑名单管控规则、长期未进场人员控制、未接受安全教育人员控制，可以由企业统一设置，也可以由各项目灵活配置；

（8）能及时（延时不超过 3min）统计项目劳务用工相关数据，企业可以实现多项目的统计分析；

（9）能够通过移动终端设备实现人员信息查询、安全教育登记、查看统计分析数据、远程视频监控等实时应用；

（10）具备与其他管理系统进行数据集成共享的功能。

10.7.3　适用范围

基于物联网的劳务管理信息技术适用于加强施工现场劳务工人管理的项目。

10.7.4　工程案例

北京新机场项目、北京通州行政副中心项目、吉林长春龙嘉机场二期项目、河南郑州林湖美景项目、上海张江高科技园项目、山东济南翡翠华庭项目、陕西西安地电广场项目、广西南宁盛科城项目、太原山西行政学院综合教学楼项目等均采用了基于物联网的劳务管理信息技术。

10.8 基于 GIS 和物联网的建筑垃圾监管技术

基于 GIS 和物联网的建筑垃圾监管技术是指高度集成射频识别（RFID）、车牌识别（VLPR）、卫星定位系统、地理信息系统（GIS）、移动通讯等技术，针对施工现场建筑垃圾进行综合监管的信息平台。该平台通过对施工现场建筑垃圾的申报、识别、计量、运输、处置、结算、统计分析等环节的信息化管理，可为过程监管及环保政策研究提供详实的分析数据，有效推动建筑垃圾的规范化、系统化、智能化管理，全方位、多角度提升建筑垃圾管理的水平。

10.8.1 技术内容

（1）申报管理：实现建筑垃圾基本信息、排放量信息和运输信息等的网上申报；

（2）识别、计量管理：利用摄像头对车载建筑垃圾进行抓拍，通过与建筑垃圾基本信息比对分析，实现建筑垃圾分类识别、称重计量，自动输出二维码标签；

（3）运输监管：利用卫星定位系统和 GIS 技术实现对建筑垃圾运输进行跟踪监控，确保按照申报条件中的运输路线进行运输。利用物联网传感器实现对垃圾车辆防护措施进行实时监控，确保运输途中不随意遗撒；

（4）处置管理：利用摄像头对建筑垃圾倾倒过程监控，确保垃圾倾倒在指定地点；

（5）结算：对应垃圾处理中心的垃圾分类，自动产生电子结算单据，确保按时结算，并能对结算情况进行查询；

（6）统计分析：通过对建筑垃圾总量、分类总量、计划量的自动统计，与实际外运量进行对比分析，防止瞒报、漏报等现象；利用多项目历史数据进行大数据分析，找到相似类型项目建筑垃圾产生量的平均值，为后续项目的建筑垃圾管理提供参考。

10.8.2 技术指标

（1）车辆识别：利用车牌识别（VLPR）技术自动采集并甄别车辆牌照信息；

（2）建筑垃圾分类识别：通过制卡器向射频识别（RFID）有源卡写入相应建筑垃圾类型等信息；利用项目和处理中心的地磅处阅读器自动识别目标对象

并获取垃圾类型信息，摄像头抓拍建筑垃圾照片，并将垃圾类型信息和抓怕信息上传至计算机进行分析比对，确定是否放行；

（3）监控管理平台：利用 GIS、卫星定位系统和移动应用技术建立运输跟踪监控系统，企业总部或地方政府主管部门可建立远程监控管理平台并与运输监控系统对接，通过对运输路径、车辆定位等信息的动态化、可视化监控，实现对建筑垃圾全过程监管；

（4）具备与相关系统集成的能力。

10.8.3　适用范围

基于 GIS 和物联网的建筑垃圾监管技术适用于建筑垃圾资源化处理程度较高城市的建筑工程，桩基及基坑围护结构阶段可根据具体情况选用。

10.8.4　工程案例

上海明发商业广场项目、上海保利凯悦酒店项目、山东济南高新万达项目、上海上证所金桥技术中心基地项目等均采用了基于 GIS 和物联网的建筑垃圾监管技术。

10.9　基于智能化的装配式建筑产品生产与施工管理信息技术

基于智能化的装配式建筑产品生产与施工管理信息技术，是在装配式建筑产品生产和施工过程中，应用 BIM、物联网、云计算、工业互联网、移动互联网等信息化技术，实现装配式建筑的工厂化生产、装配化施工、信息化管理。通过对装配式建筑产品生产过程中的深化设计、材料管理、产品制造环节进行管控，以及对施工过程中的产品进场管理、现场堆场管理、施工预拼装管理环节进行管控，实现生产过程和施工过程的信息共享，确保生产环节的产品质量和施工环节的效率，提高装配式建筑产品生产和施工管理的水平。

10.9.1 技术内容

（1）建立协同工作机制，明确协同工作流程和成果交付内容，并建立与之相适应的生产、施工全过程管理信息平台，实现跨部门、跨阶段的信息共享；

（2）深化设计：依据设计图纸结合生产制造要求建立深化设计模型，并将模型交付给制造环节；

（3）材料管理：利用物联网条码技术对物料进行统一标识，通过对材料"收、发、存、领、用、退"全过程的管理，实现可视化的仓储堆垛管理和多维度的质量追溯管理；

（4）产品制造：统一人员、工序、设备等编码，按产品类型建立自动化生产线，对设备进行联网管理，能按工艺参数执行制造工艺，并反馈生产状态，实现生产状态的可视化管理；

（5）产品进场管理：利用物联网条码技术可实现产品质量的全过程追溯，可在 BIM 模型当中按产品批次查看产品进场进度，实现可视化管理；

（6）现场堆场管理：利用物联网条码技术对产品进行统一标识，合理利用现场堆场空间，实现产品堆垛管理的可视化；

（7）施工预拼装管理：利用 BIM 技术对产品进行预拼装模拟，减少并纠正拼装误差，提高装配效率。

10.9.2 技术指标

（1）管理信息平台能对深化设计、材料管理、生产工序的情况进行集中管控，能在施工环节中利用生产环节的相关信息对产品生产质量进行监管，并能通过施工预拼装管理提高施工装配效率；

（2）在深化设计环节按照各专业（如预制混凝土、钢结构等）深化设计标准（要求）统一产品编码，采用专业深化设计软件开展深化设计工作，达到生产要求的设计深度，并向下游交付；

（3）在材料管理环节按照各专业（如预制混凝土、钢结构等）物料分类标准（要求）统一物料编码。进行材料"收、发、存、领、用、退"全过程信息化管理，应用物联网条码、RFID 条码等技术绑定材料和仓库库位，采用扫描枪、手机等移动设备实现现场条码信息的采集，依据材料仓库仿真地图实现材料堆垛可视化管理，通过对材料的生产厂家、尺寸外观、规格型号等多维度信息的管理，实现质量控制的可追溯；

（4）在产品制造环节按照各专业（如预制混凝土、钢结构等）生产标准（要求）统一人员、工序、设备等编码。制造厂应用工业互联网建立网络传输体系，能支持到工序层级的设备层面，实现自动化的生产制造；

（5）采用 BIM 技术、计算机辅助工艺规划（CAPP）、工艺路线仿真等工具制作工艺文件，并能将工艺参数通过制造厂工业物联网体系传输给对应设备（如将切割程序传输给切割设备），各工序的生产状态可通过人员报工、条码扫描或设备自动采集等手段进行采集上传；

（6）在产品进场管理环节应用物联网技术，采用扫描枪、手机等移动设备扫描产品条码、RFID 条码，将产品信息自动传输到管理信息平台，进行产品质量的可追溯管理。并可按照施工安装计划在 BIM 模型中直观查看各批次产品的进场状态，对项目进度进行管控；

（7）在现场堆场管理环节应用物联网条码、RFID 条码等技术绑定产品信息和产品库位信息，采用扫描枪、手机等移动设备实现现场条码信息的采集，依据产品仓库仿真地图实现产品堆垛可视化管理，合理组织利用现场堆场空间；

（8）在施工预拼装管理环节采用 BIM 技术对需要预拼装的产品进行虚拟预拼装分析，通过模型或者输出报表等方式查看拼装误差，在地面完成偏差调整，降低预拼装成本，提高装配效率；

（9）可采取云部署的方式，提高信息资源的利用率，降低信息资源的使用成本；

（10）应具备与相关信息系统集成的能力。

10.9.3　适用范围

基于智能化的装配式建筑产品生产与施工管理信息技术适用于装配式建筑产品（如钢结构、预制混凝土、木结构等）生产过程中的深化设计、材料管理、产品制造环节，以及施工过程中的产品进场管理、现场堆场管理、施工预拼装管理环节。

10.9.4　工程案例

辽宁沈阳宝能环球金融中心、广东深圳会展中心项目、湖北武汉绿地中心项目、广东深圳汉京项目、北京中国尊项目等均采用了基于智能化的装配式建筑产品生产与施工管理信息技术。